水稻控制灌排——原理与技术

SHUIDAO KONGZHI GUANPAI YUANLI YU JISHU

俞双恩　丁继辉　陈凯文　高世凯◎著

河海大学出版社
HOHAI UNIVERSITY PRESS
·南京·

图书在版编目（CIP）数据

水稻控制灌排原理与技术 / 俞双恩等著. -- 南京：河海大学出版社，2022.12
 ISBN 978-7-5630-7854-7

Ⅰ. ①水… Ⅱ. ①俞… Ⅲ. ①水稻-灌溉管理-研究 Ⅳ. ①S511.071

中国版本图书馆 CIP 数据核字（2022）第 239286 号

书　　名	水稻控制灌排原理与技术
书　　号	ISBN 978-7-5630-7854-7
责任编辑	龚　俊
特约编辑	梁顺弟
特约校对	丁寿萍
封面设计	徐娟娟
出版发行	河海大学出版社
地　　址	南京市西康路 1 号（邮编：210098）
电　　话	（025）83737852（总编室）　（025）83722833（营销部）
经　　销	江苏省新华发行集团有限公司
排　　版	南京布克文化发展有限公司
印　　刷	苏州市古得堡数码印刷有限公司
开　　本	718 毫米×1000 毫米　1/16
印　　张	11.5
字　　数	198 千字
版　　次	2022 年 12 月第 1 版
印　　次	2022 年 12 月第 1 次印刷
定　　价	68.00 元

前 言
PREFACE

民以食为天,保障我国14亿人口的粮食安全,是党和政府治国安邦的头等大事。水稻是我国最重要的粮食作物,据《中国统计年鉴—2021》数据,近5年来水稻种植面积接近谷物种植总面积的30%,但产量却达到谷物总产量的35%,因此稳定水稻种植面积,对于保障我国的粮食安全至关重要。水稻虽然生长在雨热同季的时期,但降雨的时程分布不均,灌溉排水仍然是保证水稻高产稳产的重要措施。

水稻是喜水喜湿作物,田间耗水量大,灌溉定额高,在水资源日益紧缺的当下,这一特点严重制约着我国水稻种植面积的发展。为了缓解水资源的供需矛盾,稳定水稻种植面积,我国农业水利科技工作者对水稻的需水特性和灌溉制度进行了系统研究,使水稻灌溉由淹灌逐步过渡到干干(无水层)、湿湿(有水层)的节水灌溉。水稻种植期,均与当地汛期重叠,由于水稻属于半水生植物,具有一定的耐淹特性,因而在汛期通过稻田调蓄一定深度的雨水,既可以提高雨水利用率,节约灌溉水源,又可以滞蓄部分涝水,减轻区域的洪涝压力。稻田作为人工湿地,在施肥、治虫以及再生水灌溉后田面保持适当水层并持续一定天数,可以达到净化水质的效果,因此水稻控制排水技术越来越受到人们的重视。

稻田由于犁底层及水耕淀积层的存在,在田面以下20~50 cm形成一弱透水层,具有保水保肥功能,降雨或灌溉时,弱透水层以上的土壤迅速饱和并形成田面水层,当田面淹水过深而不能及时排除时,就会形成涝灾;田面水层虽然在适宜范围之内,但由于地下水位过高且四周水位顶托,田间没有渗漏量或渗漏量过小时,在嫌气微生物的作用下,有毒物质(如甲烷、硫化氢等)就会在水稻根系层积累而使水稻遭受渍害;随着田间水分的不断消耗,田面水层消退，稻田地下水位逐渐下降，根层土壤含水量也随之降低。当稻田地下水位降到一定深度时，上升的毛管水对根层土壤的补给明显减少，根层土壤水分不能满足作物根系吸水的需要，此时水稻生长因水分亏缺而受旱。因此，水稻的灌溉排水问题，实际上是如何控制稻田水位变化的问题，即农田水位调控的问题。

水稻淹灌时历来是以田面水层深度作为灌排的控制指标，发展到干湿交替的节水灌溉时，受旱作物灌溉理论的影响，很自然地想到使用田间土壤含水量作为灌溉控制指标。土壤含水量的监测技术和手段虽然比较成熟，但由于田面平整度和土壤的空间变异性，即使在田间尺度下，土壤含水量的空间变异性也很大，因此实际应用时难度较大，对于指导水稻大面积灌排实践有一定的局限性。水稻生长期，在耗水过程中，根层土壤水分主要受田面水层（有水层时）和稻田地下水位埋深（田面无水层时）的影响，水稻的生长状况与田面水层和地下水位密切相关。在田间尺度下，田面水层和地下水位的空间变异性是很小的，而且其观测非常容易，因此实际应用时比土壤含水量指标要方便得多。在生产实践中，很多稻作区的灌排多是以田面水层深度和稻田地下水位埋深作为控制指标的。

著作者近20年来，在国家科技支撑计划、国家自然科学基金以及江苏省水利科技等项目的资助下，以农田水位作为水稻田间灌排调控的统一指标，以测坑试验为基础，以理论分析和数值计算为手段，系统研究了农田水位调控对水稻群体质量、水稻生理、稻田水质等指标的影响，分析了农田水位与水稻籽粒产量的关系，建立了控制灌排条件下水稻水位—产量模型，在综合考虑水资源高效利用、高产和减少面源污染等因素的基础上，建立了水稻田间合理灌排方案的评价模型，优选出水稻各生育阶段合理灌排的农田水位调控指标，形成了水稻控制灌排技术体系。研究成果有三个方面的创新：(1)以农田水位作为水稻田间灌排调控指标，在测坑内进行了水稻旱涝交替胁迫的水位控制试验，系统研究了农田水位调控对水稻群体质量、水稻生理等指标的影响及其变化规律，从而验证了农田水位作为水稻田间灌排调控指标的可行性，为农田水位作为水稻灌排指标提供了科学依据；(2)研究了农田水位及其历时对水稻籽粒产量的影响，构建了基于农田水位与历时的水稻全生育期水位—产量模型和生育阶段水位—产量模型，为水稻灌区的灌排管理及水资源合理配置提供了理论基础；(3)分析了水稻控制灌排在资源、环境及效益方面的影响，建立了基于资源、环境和效益相协调的水稻田间合理灌排方案评价体系,提出了节水减排高产水稻控制灌排的农田水位调控指标,为指导水稻科学灌排提供了理论依据。

  本书是在国家"十一五"科技支撑计划项目"大型农业灌区节水改造工程关键支撑技术研究"之"灌区农田排水与再利用关键技术研究"课题、国家自然科学基金面上项目"农田水位调控下水稻旱涝交替胁迫机理、稻田氮磷流失规律及节水控污灌排模式"(51479063)、"控制灌排条件下稻田水氮耦合效应及其运移转化模拟"(51879074)以及江苏省水利科技项目等支持下,经过近十届硕士、博士生通过大量试验和分析完成的,在研究过程中也参考了许多前人研究的理论与成果,在此一并表示衷心感谢!

目 录
CONTENTS

第一章 绪 论 ·· 001
  1.1 水稻生产的重要性 ································· 001
    1.1.1 水稻生产概况 ································ 001
    1.1.2 水稻的实用价值 ······························ 002
    1.1.3 我国的水稻生产 ······························ 002
  1.2 农业面源污染及其危害 ····························· 003
    1.2.1 农业面源污染 ································ 003
    1.2.2 农业面源污染的危害 ·························· 005
  1.3 水稻节水减排技术研究进展 ························· 007

第二章 水稻控制灌排的理论基础 ························· 010
  2.1 水稻的水分生理 ··································· 010
    2.1.1 水稻对水分的吸收 ···························· 010
    2.1.2 水稻的蒸腾作用 ······························ 012
    2.1.3 水稻的需水特性 ······························ 014
    2.1.4 水稻田间耗水量 ······························ 016
    2.1.5 旱涝胁迫对水稻生长的影响 ···················· 020
  2.2 水稻的营养生理 ··································· 024
    2.2.1 水稻必需的矿质元素及其作用 ·················· 024
    2.2.2 水稻对矿质元素的吸收与转运 ·················· 029
    2.2.3 水稻的需肥规律 ······························ 034

第三章 旱涝交替胁迫对水稻群体及生理的影响 ………… 041
3.1 旱涝交替胁迫对水稻群体质量的影响 ………… 042
3.1.1 水稻叶龄变化规律 ………… 042
3.1.2 水稻茎蘖特征分析与模拟 ………… 042
3.1.3 旱涝交替胁迫水稻叶面积指数动态变化 ………… 046
3.1.4 旱涝交替胁迫水稻根冠关系 ………… 047
3.1.5 旱涝交替胁迫水稻株高动态与茎秆特征分析 ………… 048
3.1.6 旱涝交替胁迫水稻产量构成 ………… 053
3.2 旱涝交替胁迫对水稻生理的影响 ………… 056
3.2.1 水稻净光合速率 P_n 和蒸腾速率 T_r 逐日动态变化 ………… 056
3.2.2 水稻净光合速率和蒸腾速率日变化 ………… 062

第四章 旱涝交替胁迫对水稻需水特性的影响 ………… 075
4.1 旱涝交替胁迫稻田土壤水分变化特征 ………… 075
4.2 水稻需水量计算 ………… 078
4.3 单个生育期旱涝交替胁迫水稻需水量逐日变化 ………… 078
4.3.1 分蘖期水稻需水量逐日变化 ………… 078
4.3.2 拔节孕穗期水稻需水量逐日变化 ………… 080
4.3.3 抽穗开花期水稻需水量逐日变化 ………… 081
4.3.4 乳熟期水稻需水量逐日变化 ………… 081
4.4 连续两个生育期旱涝交替胁迫水稻需水量逐日变化 ………… 083
4.5 旱涝交替胁迫水稻各生育期需水量 ………… 087

第五章 旱涝交替胁迫对稻田水氮磷变化的影响 ………… 093
5.1 旱涝交替胁迫稻田水氮素变化 ………… 093
5.1.1 稻田水总氮的变化 ………… 093
5.1.2 稻田水铵态氮变化 ………… 096
5.1.3 稻田水硝态氮变化 ………… 100
5.2 旱涝交替胁迫稻田水磷素的变化 ………… 104
5.2.1 地表水 TP 变化 ………… 104
5.2.2 地下水 TP 变化 ………… 104
5.3 旱涝交替胁迫稻田氮磷流失量分析 ………… 107

5.3.1　旱涝交替胁迫期间稻田地表水潜在氮磷减排量 ……………… 107
　　5.3.2　单个生育期旱涝交替胁迫氮磷素流失量 …………………… 108

第六章　旱涝交替胁迫对稻田土壤微环境的影响 …………………… 112
　6.1　旱涝交替胁迫稻田土壤氧化还原电位变化 ………………………… 112
　6.2　旱涝交替胁迫稻田土壤速效养分变化 ……………………………… 113
　　6.2.1　旱涝交替胁迫不同土层土壤速效氮含量变化 ………………… 113
　　6.2.2　旱涝交替胁迫不同土层土壤速效磷含量变化 ………………… 117
　6.3　水稻种植前后不同土层土壤养分的变化 …………………………… 121
　　6.3.1　不同土层土壤全氮变化 ………………………………………… 121
　　6.3.2　不同土层土壤速效氮变化 ……………………………………… 123
　　6.3.3　不同土层土壤全磷变化 ………………………………………… 124
　　6.3.4　不同土层土壤速效磷变化 ……………………………………… 126
　6.4　旱涝交替胁迫稻田土壤温度日内变化 ……………………………… 127
　　6.4.1　各生育期旱涝胁迫时 5 cm 土层土壤温度日内变化 ………… 128
　　6.4.2　各生育期旱涝胁迫时 20 cm 土层土壤温度日内变化 ……… 130

第七章　控制灌排条件下水稻水位—产量模型 ……………………… 135
　7.1　农田水位与作物产量的关系 ………………………………………… 135
　　7.1.1　农田水位的定义 ………………………………………………… 135
　　7.1.2　农田水位与作物产量关系的研究进展 ………………………… 135
　7.2　水稻水位—产量模型的形式 ………………………………………… 139
　　7.2.1　全生育期水位—产量模型 ……………………………………… 139
　　7.2.2　生育阶段水位—产量模型 ……………………………………… 140
　7.3　水稻水位—产量模型的构建 ………………………………………… 140
　　7.3.1　建模方法 ………………………………………………………… 140
　　7.3.2　全生育期水位-产量模型的构建 ……………………………… 143
　　7.3.3　生育阶段水位-产量模型的构建 ……………………………… 145

第八章　水稻控制灌排的节水减排效应及调控指标 ………………… 150
　8.1　材料与方法 …………………………………………………………… 150
　　8.1.1　大田试验区概况 ………………………………………………… 150

- 8.1.2 试验方案设计 ……………………………………………… 151
- 8.1.3 指标测定 …………………………………………………… 151
- 8.2 控制灌排对灌水量、排水量和渗漏量的影响 …………………… 153
- 8.3 控制灌排对稻田水氮磷流失负荷的影响 ………………………… 154
  - 8.3.1 地表水 NH_4^+-N、NO_3^--N 浓度动态变化 ………………… 154
  - 8.3.2 地表水 TP 浓度动态变化 ………………………………… 155
  - 8.3.3 地表排水氮磷流失负荷分析 ……………………………… 156
  - 8.3.4 控制灌排对氮磷淋失负荷的影响 ………………………… 157
  - 8.3.5 控制灌排对稻田水氮磷流失负荷影响的讨论 …………… 158
- 8.4 水稻控制灌排对产量的影响 ……………………………………… 159
- 8.5 水稻灌排方案优选 ………………………………………………… 160
  - 8.5.1 评价指标体系 ……………………………………………… 160
  - 8.5.2 综合赋权法计算方法 ……………………………………… 161
  - 8.5.3 灌排方案优选 ……………………………………………… 164
- 8.6 水稻控制灌排技术调控指标及操作要点 ………………………… 165
  - 8.6.1 水稻控制灌排技术调控指标 ……………………………… 165
  - 8.6.2 水稻控制灌排技术操作要点 ……………………………… 166

第一章
绪 论

1.1 水稻生产的重要性

1.1.1 水稻生产概况

水稻是世界上最重要的粮食作物之一,全球一半以上的人口以稻米为主要食物。全世界有122个国家和地区种植水稻,种植面积常年在1.50亿～1.70亿 hm^2,其中90%左右集中在亚洲,其余在美洲、非洲、欧洲和大洋洲,有50多个国家年产稻谷达到或超过10万 t。2019年世界上十大水稻生产国是中国、印度、印度尼西亚、孟加拉国、越南、泰国、缅甸、菲律宾、巴西和日本。据联合国粮农组织(FAO)的统计数据,2017年全球稻作面积为 $1.67×10^8 hm^2$,稻谷产量为 $7700×10^8 kg$,平均单产 $4610 kg/hm^2$,水稻单产较高的国家为澳大利亚($9820 kg/hm^2$)、埃及($9300 kg/hm^2$)、美国($8410 kg/hm^2$)、土耳其($8220 kg/hm^2$)、希腊($8030 kg/hm^2$),中国水稻单产为 $6920 kg/hm^2$。2018年大米的主要出口国是印度、泰国、越南、巴基斯坦、美国和中国。

水稻虽起源于高温、湿润的热带地区,但由于长期的演变和分化,而今耐寒、早熟的稻种可以在位于北纬53°29′的我国黑龙江省漠河县(也是世界上稻作的最北点)和地处海拔3 000米的尼泊尔、不丹高原等冷凉地区种植,并且具有适于各种水分供应条件的类型(深水稻、水稻、旱稻),其广泛适应性是其他任何作物所不及的。根据生态地理分化特征,可以将水稻分为籼稻和粳稻;根据水稻品种对温度和光照的反应特性,可以分为早稻、晚稻和中稻;根据籽粒的淀粉特性,可分成黏稻和糯稻。全球水稻以灌溉稻为主,灌溉稻面积占全球水稻收获总面积的1/2以上,占总产量的3/4,绝大部分分布在亚热带潮湿、亚潮湿和热带潮湿生态区。旱稻占世界稻作面积的13%,但仅占总产量的4%。望天水稻占世界水稻面积34%左右。深水稻面积大约占世界稻作面积的3%,产量很低。

1.1.2 水稻的实用价值

水稻以食用为主要用途。稻米中的成分以淀粉为主,蛋白质次之,另外还含有脂肪、粗纤维和矿质元素等营养物质。稻米是禾谷类作物籽粒中营养价值最高的,它的蛋白质生物价比小麦、玉米、粟(小米)高,各种氨基酸的比例更合理,并含有营养价值高的赖氨酸和苏氨酸;稻米的淀粉粒特小,粗纤维含量少,容易消化;食用的口感也较好,加工、蒸煮方便。稻米提供了发展中国家饮食中27%的能量和20%的蛋白质。仅在亚洲,就有20多亿人从稻米及稻米产品中摄取占总需求量60%~70%的热量。而在非洲,稻米是其增长最快的粮食来源。水稻对越来越多的低收入缺粮国的粮食安全至关重要。稻米经过发酵,便能制成各种发酵产物,其中大量生产的有米酒和米醋等。

稻谷加工后的副产品用途很广。米糠占谷重的8%左右,含14%左右的蛋白质、15%左右的脂肪和20%的磷化合物以及多种维生素等,可用于调制上等食料和调料(如味精、酱油等);米糠中富含维生素B_1(为治疗脚气病的特效药),还可提取维生素B_2、维生素B_6、维生素E等;米糠的糠油含量为15%~25%,可用作工业原料和食料。稻壳占谷重的20%,可制作装饰板、隔音板等建筑材料,也可提取多种化工原料。稻草大致相当于稻谷产量的重量,除作为家畜粗饲料和用于牲畜垫圈及蘑菇培养基质外,还田后它是一种很好的硅酸肥和有机肥;在工业上是造纸、人造纤维等的原料,还可编织草袋、绳索等;另外还可用于农村建筑和作为保暖防寒材料等。

1.1.3 我国的水稻生产

我国是世界栽培稻种的主要起源地。传说中神农教民稼穑,种五谷,稻为其首,历史悠久。浙江省余姚河姆渡、桐乡罗家角及河南省舞阳县贾湖等地出土的炭化稻谷证实,中国的水稻栽培至少可以追溯到7 000年前,而在浙江省浦江县上山遗址发现的谷壳痕迹和江西省上饶市万年仙人洞遗址发现的栽培稻植硅石,使我国水稻栽培的历史进一步上推到1万年前。稻米文明是中华文明不可或缺的组成部分和源泉,水稻农耕文明与旱作农耕文明一起构成了中华民族上万年的农耕文明史。水稻是我国重要的粮食作物,稻米因具有丰富的营养价值,味美适口,炊制方便,越来越多地受到人民群众喜爱而成为主食。南人食米、北人食麦已成过去,现在北方人食米的数量不断增长,全国有 2/3 的人口以稻米为主食,对稻米的需求量日趋上升。

由于水稻的适应性强,高产稳产性好,在我国,南自海南省,北至黑龙江省北部,东起台湾省,西抵新疆维吾尔自治区的塔里木盆地西缘,低如东南沿海的滩涂,高至西南云贵高原海拔 2 700 m 以上的山区,凡是有水源灌溉的地方,都有水稻栽培。除青海省外,全国各省、自治区、直辖市均有水稻种植。中国水稻产区主要分布在长江中下游的湖南、湖北、江西、安徽、江苏,西南的云南、贵州、四川、重庆,华南的广东、广西、海南和台湾,以及东北三省。我国是世界上最大的稻米生产国和消费国,水稻播种面积在世界产稻国中仅次于印度位居第二,总产量居世界之首。《中国统计年鉴—2021 年》资料表明,我国水稻种植面积约占谷物种植总面积的 30%,但产量却达到谷物总产量的35%,全国水稻的平均单产,比小麦高 20% 以上,比玉米高 10% 左右。中国能用不足世界 1/10 的耕地,养活世界 1/5 的人口,水稻功不可没。稳定水稻种植面积,对于保障我国粮食安全至关重要。

1.2 农业面源污染及其危害

1.2.1 农业面源污染

农业面源污染是指在农业生产活动中,氮素和磷素等营养物质、农药以及其他有机或无机污染物质,通过农田的地表径流和农田渗漏,造成的水环境污染,主要包括化肥污染、农药污染、集约化养殖场污染、生活污水垃圾污染等。农业面源污染主要有两种表现形式:一是以氮、磷等富营养形式污染水体,主要来自农用化肥、畜禽鱼粪便和生活污水;二是以有机磷、有机氯、重金属等毒害形式污染水体,主要来自农药、除草剂和部分化肥。面源污染相对于点源污染而言,一般被理解为是由分散的污染源造成的,其污染物来自大面积或大范围。它的显著特点是面广量大,向环境排放污染物质是一个不连续的分散过程;受自然条件突发性、偶然性和随机性制约;污染负荷的时空差异性大、形成机理模糊、潜伏性强。它是在不确定的时间内,通过不确定的途径,排放不确定的污染物。

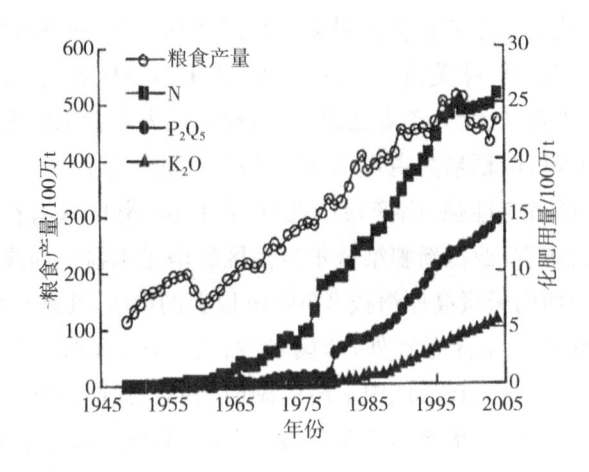

（摘自朱兆良《中国农业面源污染控制对策》）

图 1.1　1949—2002 年我国粮食总产量与化肥施用量（N、P_2O_5、K_2O）的增长趋势

为提高单产，满足对粮食的需要，我国农田的化肥投入从 20 世纪 60 年代以来逐年增加（图 1.1）。目前，我国已经成为世界上最大的化肥生产国和消费国。2002 年全世界化肥总用量 1.42 亿 t，我国 2004 年化肥用量为 4 629 万 t，其中氮（N）、磷（P_2O_5）、钾（K_2O）的用量分别为 2 583 万 t、1 458 万 t 和 588 万 t，超过世界总用量的 1/3，居世界之首。按总播面积计算，全国平均氮肥施用量达 167 kg/hm²、磷肥施用量 94.27 kg/hm²、钾肥施用量 38.02 kg/hm²。一般而言，作物对氮肥的利用率为 30%～40%，磷肥的利用率仅为 10%～25%，其余的进入水体、大气或在土壤中积累。

中国是世界上农药生产和使用大国。1990 年起我国的农药生产量一直位于世界第二位，仅次于美国，2007 年首次超过美国成为世界第一的农药生产大国。中国农药使用量居世界第一，20 多年来，各种制剂农药的使用量每年基本稳定在 120 万～130 万 t 之间。除少部分被作物吸收外，大部分进入了水体、土壤及农产品中。农药施用水平总体上呈现出从西到东、从北到南逐渐递增的分布趋势，施用水平较高的地区主要集中在东南沿海各省及湖北、湖南、安徽、江西、河南、四川等农业大省。目前农药使用量最多的作物是蔬菜、果树和粮食作物（水稻、小麦）。我国目前使用的农药主要以杀虫剂为主，其中高毒农药品种仍然占有相当高的比例。长期、大量和不合理使用农药必然导致土壤、地表水、地下水和农产品的污染。

随着我国养殖业生产的迅猛发展，畜禽粪便的排泄量急剧增加，我国畜禽粪便年排放量已接近40亿t,超过全国工业废渣和城市生活废弃物排放量总和。据调查,我国相当一部分地区的畜禽粪便不经过任何处理直接排入河流或湖泊,严重污染了地表水。粪便中的氮、磷也不断渗入地下,使地下水中的硝态氮、硬度和细菌总数超标。另外,农用塑料薄膜所造成的白色污染也不容忽视,据《中国农村统计年鉴(2018年)》统计,2017年全国农业塑料薄膜年销售量达到224万t,覆盖面积达2.8亿亩[①]。大量塑料薄膜残存在土壤、沟渠或河道中,直接污染水土环境,农用塑料残膜的危害主要表现在:(1)影响土壤的物理性状,降低土壤肥力;(2)影响农作物生长发育,造成减产;(3)危害人体健康。目前国内农用薄膜污染治理归纳起来主要有两种办法:一是残膜回收利用;二是应用全降解地膜。对于前者,由于地膜销售市场不规范,许多农民追求降低成本,使用厚度小于0.008 mm的超薄地膜,回收困难;对于后者,近年推出可生物降解塑料地膜,更多的是不完全生物降解塑料地膜,是在通用塑料(PE、PP、PVC等)中通过共混或接枝混入一定比例的具有生物降解性的物质,可生物降解塑料性能仍非常有限。可生物降解农用地膜材料崩解后,部分生物材料降解了,但是塑料部分依然存在于土壤中,这样对土壤和农业生产安全更加有害。

农作物秸秆过剩也是我国近年来出现的环保问题。根据FAO资料,各种农作物秸秆系数K值为:玉米2.5、小麦和水稻1.3、大豆2.5、薯类0.25,据此计算我国农作物产生的秸秆量达到$1.1×10^9$ t以上。有关研究表明,目前我国农作物秸秆利用率达到70%左右,据此估计,我国每年至少有4亿多t秸秆被丢弃或焚烧。大量秸秆在田间焚烧,直接造成大气污染,或丢入水域直接造成水体污染。土壤侵蚀是规模最大、对生态环境破坏最为严重的一种面源污染,不仅发生在山区,而且在平原地区也很严重。据报道,我国年均土壤流失量约50亿t,土壤表层中大量的有机质、氮、磷等养分因土壤的侵蚀大量进入水体。

1.2.2 农业面源污染的危害

农业面源污染直接对水体环境产生危害,进而影响人畜健康。近年来我国河流、湖泊、近海等水体质量急剧下降,人们才逐步认识到由于人为活动而引起的农业面源污染是水质变坏的重要因素之一。我国污染湖泊中,农村面

---

① 1亩≈667平方米。

源污染负荷占总负荷的比例均在50%以上,国外报道农村面源污染对河流、湖泊的负荷在60%~70%。农业面源污染对水体质量的影响主要由营养型和毒害型两大类污染物质所致,但以营养型污染物质为主。

营养型污染物主要是指氮和磷,氮、磷在水体中大量积累导致水体富营养化,后果是蓝藻大量繁殖,将水中氧气消耗殆尽,水体功能急剧降低。根据《2018中国生态环境状况公报》,2017年,长江、黄河、珠江、松花江、淮河、海河、辽河七大流域和浙闽片河流、西北诸河、西南诸河的1 617个水质断面中,Ⅰ类水质断面35个,占2.2%;Ⅱ类594个,占36.7%;Ⅲ类532个,占32.9%;Ⅳ类236个,占14.6%;Ⅴ类84个,占5.2%;劣Ⅴ类136个,占8.4%。112个重要湖泊(水库)中,Ⅰ类水质的湖泊(水库)6个,占5.4%;Ⅱ类27个,占24.1%;Ⅲ类37个,占33.0%;Ⅳ类22个,占19.6%;Ⅴ类8个,占7.1%;劣Ⅴ类12个,占10.7%。(由于百分比采用四舍五入法保留一位小数,故总和不是100%。)主要污染指标为总磷、化学需氧量(COD)和高锰酸盐指数。109个监测营养状态的湖泊(水库)中,贫营养的9个,中营养的67个,轻度富营养的29个,中度富营养的4个。20世纪80年代初期至90年代末,太湖流域的水质下降了两个等级,全湖平均由以Ⅱ类水质为主变为以Ⅳ类水为主,水体富营养状态上升了两个等级,以富营养型为主。太湖流域每年氮的排放量从1990年的2.8万t增加到2 000年的7.96万t,磷的排放量从1990年的2 000 t增加到2000年的5 660 t,COD的排放量从1990年的5万t增加到2000年的28.2万t。据统计,1994年太湖因农业面源污染产生的氮、磷分别占总负荷的55.1%和27.8%,生活废水产生的氮、磷分别占25.1%和60%,工业废水产生的氮、磷分别占15.8%和10.4%。近年来,由于在太湖流域对工厂、企业等引起的点源污染进行了整顿和治理,并实行禁磷计划,因此农业面源污染在总污染中所占的比例更大。2017年,太湖55个水质断面中,Ⅱ类水质断面9个,占16.4%;Ⅲ类30个,占54.5%;Ⅳ类12个,占21.8%;Ⅴ类4个,占7.3%;无Ⅰ类和劣Ⅴ类。滇池的富营养化状况更加严重,每年因化肥流失而带入滇池的氮、磷高达1 600 t以上,农业面源污染的总氮、总磷分别占总负荷的46%和53%。2017年,滇池10个水质点位中,Ⅴ类水质点位4个,占40.0%;劣Ⅴ类6个,占60.0%;无Ⅰ类、Ⅱ类、Ⅲ类和Ⅳ类。主要污染指标为COD、总磷和五日生化需氧量(BOD)。全湖平均为中度富营养状态。2017年,巢湖湖体为中度污染,主要污染指标为总磷。8个水质点位中,Ⅳ类水质点位3个,占37.5%;Ⅴ类5个,占62.5%;无Ⅰ类、Ⅱ类、Ⅲ类和劣

Ⅴ类。我国水库的富营养化程度低于湖泊,但目前也呈加快趋势。化肥、农药和水土流失等农业面源污染也是水库富营养化的主导因子。

2017年,以地下水含水系统为单元,以潜水为主的浅层地下水和承压水为主的中深层地下水为对象,原国土资源部门对全国31个省(区、市)223个地市级行政区的5100个监测点(其中国家级监测点1 000个)开展了地下水水质监测。评价结果显示:水质为优良级、良好级、较好级、较差级和极差级的监测点分别占8.8%、23.1%、1.5%、51.8%和14.8%。主要超标指标为总硬度、锰、铁、溶解性总固体、"三氮"(亚硝酸盐氮、氨氮和硝酸盐氮)、硫酸盐、氟化物、氯化物等,个别监测点存在砷、六价铬、铅、汞等重(类)金属超标现象。农业生产活动和生活污水的排放是导致地下水污染的主要原因。

2017年,全国近岸海域水质基本保持稳定,水质级别为一般,主要污染指标为无机氮和活性磷酸盐。417个点位中,一类海水比例为34.5%,二类为33.3%,三类为10.1%,四类为6.5%,劣四类为15.6%,近岸以外海域海水质量良好。我国的赤潮现象日益增多,而且发生面积越来越大。据不完全统计,20世纪60年代以前,仅记录4次赤潮,70年代记录了20次,80年代75次,进入90年代,赤潮更是频繁发生,仅2000年我国近海就发现了28次赤潮,面积累计1万多km^2,其中辽宁、浙江两次较大规模的赤潮就造成了近3亿元的渔业损失。赤潮发生的频率和面积显著增加的原因除了工业废水、生活污水大量向海域排放以外,还与农业面源污染密切相关——近海的农业面源污染主要包括化肥、农药的流失,土壤侵蚀,近海养殖等。赤潮不仅对海洋生态、渔业生产造成严重影响,赤潮毒素还通过海洋食物链危及人体健康。

1.3 水稻节水减排技术研究进展

我国的水稻生长虽然处在雨热同季的时期,但由于降雨的时程分布不均,灌溉排水仍然是保证水稻高产稳产的重要措施。具有悠久水稻栽培历史的我国水稻灌排技术原本就丰富多彩,中华人民共和国成立后,这些宝贵经验曾不断得到总结与提高。目前,我国的水稻96%以上为灌溉稻,水稻灌溉用水量占总灌溉用水量的60%以上,南方地区水稻灌溉用水量占总灌溉用水量的90%以上,在水资源日益紧缺的当下,制定合理的水稻灌排制度是实现水稻节水减排高产的关键。

在水稻生长过程中,旱季灌溉是补充稻田水分不足的常态措施,汛期排水乃是改善稻田水分状况的重要途径。20世纪60年代初期,灌排专家在总结群众的丰产经验的基础上,提出了水稻"浅水勤灌,结合晒田"的灌排技术,取得了节水增产的双重效果。20世纪70年代根据对水稻生物学特性的研究,提出了"浅、晒、湿"的灌排技术,不仅节水、增产,而且对水稻抗早衰、高产稳产有明显作用。这些灌排实践表明,水稻虽然喜水喜湿,但并不意味着在整个生育期内田面必须建立水层,相反田面长期淹水不利于水稻高产稳产。这一基本结论为20世纪80年代水稻节水灌溉技术的深入研究奠定了基础。

进入20世纪80年代,水资源的紧缺已成为制约国民经济发展的重要因素之一,发展节水型农业势在必行,节水灌溉也是水稻高产栽培的必然选择。我国农业水利科技工作者在总结已有水稻丰产灌排技术的基础上,进行了大量的水稻灌排试验,对水稻的水分生理、需水特性、需水规律以及自身对水分的适应性和调节作用有了新的认识,提出了以浅湿调控为主,结合其他农技措施的水稻节水灌溉新技术,即以浅湿、湿润来实现生态节水,以土壤水分和肥料运筹来调节和控制水稻的群体质量,形成高产群体,实现生理节水,使节水和增产的幅度有了更大的提高。各地根据自身的自然气候、水源条件和土壤特性因地制宜地形成了各具特色的水稻节水灌溉技术,具有代表性的有:水稻控制灌溉技术、水稻非充分灌溉技术、水稻薄露灌溉技术、水稻叶龄模式灌溉技术等。

由于水稻起源于低洼沼泽地区,具有半水生植物特性,因而有一定的耐淹能力,在汛期通过稻田调蓄一定深度的雨水,既可以提高雨水利用率,节约灌溉水源,又可以滞蓄部分涝水,减轻地区的洪涝压力。稻田作为人工湿地,在施肥、治虫以及再生水灌溉后田面保持适当水层并持续一定天数,可以达到净化水质的效果。因此,在水资源供需矛盾日益突出的当下,充分利用雨水资源,提高雨水利用率,是稻作区高效灌排技术发展的重要方向。10多年来,不少专家学者,在水稻节水灌溉技术的基础上,提出了水稻控制排水技术,并将水稻节水灌溉和水稻控制排水进行有机整合,提出节水、减排、控污的水稻高效灌排技术,如水稻控制灌排技术和水稻控灌中蓄灌排技术等,取得了明显的节水、减排、控污的效果。

本章参考文献

[1] 程式华,李建. 现代中国水稻[M]. 北京:金盾出版社,2007.

［2］凌启鸿，张洪程，苏祖芳，等. 稻作新理论——水稻叶龄模式［M］. 北京：科学出版社，1994.

［3］丁颖. 中国水稻栽培学［M］. 北京：中国农业出版社，1961.

［4］祁俊生. 农业面源污染综合防治技术［M］. 成都：西南交通大学出版社，2009.

［5］朱兆良，Norse D，孙波. 中国农业面源污染控制对策［M］. 北京：中国环境科学出版社，2006.

［6］彭世彰，俞双恩，杜秀文. 水稻节水灌溉技术［M］. 郑州：黄河水利出版社，2012.

［7］岳玉峰. 中国水稻史话［M］. 沈阳：沈阳出版社，2019.

［8］FAO. World Fertilizer Trends and Outlook to 2022［R］. Rome：Food and Agriculture Organization of the United Nations，2021.

［9］中华人民共和国生态环境部. 2017 中国生态环境状况公报［R］. 北京：中国环境科学出版社，2018.

［10］中华人民共和国国家统计局. 中国统计年鉴—2020［R］. 北京：中国统计出版社，2021.

［11］国家统计局农村社会经济调查司. 中国农村统计年鉴（2017）［R］. 北京：中国统计出版社，2018.

［12］俞双恩，缪子梅，邢文刚，等. 以农田水位作为水稻灌排指标的研究进展［J］. 灌溉排水学报，2010，29(2)：134-136.

［13］俞双恩，李偲，高世凯，等. 水稻控制灌排模式的节水高产减排控污效果［J］. 农业工程学报，2018，34(7)：128-136.

［14］陈朱叶，郭相平，姚俊琪. 水稻蓄水控灌的节水效应［J］. 河海大学学报（自然科学版），2011，39(4)：426-430.

第二章

水稻控制灌排的理论基础

水稻和其他作物一样，整个生命活动都受水肥的影响。水稻水分的生理作用主要有：第一，水分是原生质的主要成分，原生质的含水量高达80%以上，使原生质呈溶胶状态，保证了水稻旺盛的代谢过程的进行；第二，水分是水稻代谢作用过程的反应物质，在光合、呼吸、有机物的合成和分解过程中都有水分子参与；第三，水分是水稻对物质吸收和运输的溶剂，只有溶于水中的物质水稻才能吸收和运输；第四，水分使稻株保持固有姿态，使水稻叶片舒展，便于接受光照和交换气体，颖花张开，有利于授粉。除此之外，稻田的水分状况还会影响水稻的生长环境。

除了水分以外，水稻也需要各种矿质元素去维持自身的正常生理活动。这些矿质元素，有作为水稻植物体的组成部分的，有作为调节水稻生活功能的，也有两者兼备的。矿质元素也和水分一样，主要存在于土壤，被根系吸收而进入稻株，运输到需要的部位加以同化利用，以满足水稻的生长需要。水稻对矿物质的吸收、转运和同化，便称为水稻的矿物质营养。

水分和矿物质对水稻生长具有深刻的生理影响和生态作用。合理的水肥运筹是水稻高产稳产的重要保证。

2.1 水稻的水分生理

2.1.1 水稻对水分的吸收

水稻吸水的主要器官是根系，它从土壤中吸收大量水分，满足植株的需要。尽管是吸水器官，但并不是根的各部分都能吸水。老根的吸水能力较低,即使是同一条根,表皮细胞木质化或木栓化部分的吸水能力也较低。根的吸水主要在根尖进行,根尖的根毛区吸水能力最强。水稻的其他器官,如叶片、叶鞘等,也能吸收水分,但它们吸水的数量非常有限,在水稻水分供应上没有重要意义。

(1) 水稻根系吸水的方式

水稻根系吸水有两种方式,一种是通过根压作用的主动吸水,另一种是通过蒸腾作用的被动吸水,通常认为后者更为重要。

主动吸水是由根压引起的吸水。根压把根部的水分压到地上部分,土壤中的水分便不断补充到根部,这就形成主动吸水的过程,伤流和吐水都是由于根压所产生的现象。在水稻拔节期,靠近地面切去茎部,切口很快流出液体,这就是伤流。伤流量大小可以反映根系生理活动强弱和根系有效面积大小,所以伤流量可作为水稻根系活力的指标。在清晨或傍晚,水稻叶尖有水珠外挂,这就是吐水现象。吐水也是根压把液体从根部压上,通过水稻叶片叶尖水孔(水稻叶尖有水孔,形似大型气孔,其开度为 $80\times2-3~\mu m$,不能做开闭运动)排出的现象。吐水也是稻株健壮的标志,水稻生长旺盛时吐水的水珠大,反之则小。根系主动吸水包括两种力量:一种是与浓度有关的渗透作用,即根内液体浓度大,外边的水分不断渗透到根内;另一种是与呼吸有关的非渗透作用,即水分从表皮进入导管,要消耗能量,需要呼吸释放的能量来做功。

被动吸水是由蒸腾拉力所引起的吸水。当叶片蒸腾失水时,气孔下腔附近的叶肉细胞因蒸腾失水而水势下降,便从相邻水势高的细胞吸取水分,相邻细胞又从另一个细胞取得水分,如此下去,便从导管要水,最后根部就从土壤吸收水分。这种吸水完全是由蒸腾失水而产生的蒸腾拉力所引起的,是由叶片形成的力量传递到根部而引起的被动吸水。被动吸水是水稻吸水的主要方式。

(2) 影响根系吸水的外界条件

在外界条件中,大气因子影响水稻蒸腾强度而间接影响根系吸水,而土壤因子则直接影响根系吸水。

土水势 当土壤含水量减少时,土壤的基质势下降,使土水势与根水势之差变小,根系吸水减慢。当土壤含水量减少到凋萎系数时,土水势和根水势相近或相等（约为－1.5 MPa 左右）时，根系吸水很困难，不能维持叶片细胞的紧张度，就会出现永久凋萎。一般土壤的溶液浓度低，其溶质势对土水势的影响不大。而盐碱土则因含有过多的可溶性盐分，即使在土壤含水量正常时也可使土水势大大降低，甚至达到－10 MPa 左右，使作物吸水困难而死亡。当土壤施用化肥过多时，也会造成同样后果。

土壤通气状况 根系吸水需要氧气供应。试验表明：用 CO_2 处理根部，水稻、小麦和玉米幼苗的吸水量降低 14%～50%，如果通氧气则吸水增加。土壤通气不良之所以使根系吸水减少，是因为土壤氧气缺乏和 CO_2 浓度过高，短期内可使细胞呼吸减弱，影响主动吸水；较长时间后，形成无氧呼吸，产生和累积较多酒精，根系中毒受伤，吸水更少。稻田长期保持水层，土壤通气不良，因之产生各种有毒的还原物质，引起黑根而导致根系吸水能力下降。

土壤温度 土壤温度对水稻根系吸水影响甚大，土温或水温降低时，根系吸水变慢甚至停滞。低温影响根系吸水下降的原因很多，如水分本身的黏性增大，扩散速度降低；原生质黏性增大，水分不易通过原生质；呼吸作用减弱，影响主动吸水。土温过高对根系吸水也不利，高温会促进根的成熟程度，使根的木质化部分几乎达到根尖，吸收面积减少，吸水能力下降。

2.1.2 水稻的蒸腾作用

水稻吸收的水分，只有一小部分是用于代谢的，绝大部分都散失到体外，在水稻吸收的总量中，能利用的只占 1% 左右，余下的部分全部散失到体外。

（1）水稻的蒸腾过程

水分从稻株体中散失到外界去的方式有两种：一种是通过叶尖的水孔以液体状态跑到体外，就是前面介绍过的吐水现象；另一种是通过气孔以气态状态跑出体外，便是蒸腾作用。蒸腾作用是水稻散失水分最主要的方式。蒸腾作用虽然散失水分，但对水稻的生命活动却起着重要的作用。第一，蒸腾是水稻吸收和输导水分的主要动力，没有蒸腾，被动吸水便不能进行；第二，蒸腾能促进作物体对矿质元素的吸收和输导，使之迅速地分布到各部位；第三，因为蒸腾 1 g 水（20℃时）需要消耗 2 450 J 的热能，所以蒸腾作用能降低植株温度，避免作物体高温灼伤。

水稻秧苗期，暴露在地面上的全部表面都能蒸腾，长大以后，蒸腾的绝大部分是在叶片上进行。叶片的蒸腾有两种方式：一是通过角质层的蒸腾称角质蒸腾；二是通过气孔的蒸腾称气孔蒸腾。一般幼嫩叶片的角质蒸腾可占总蒸腾量的一半左右，而成熟叶片的角质蒸腾少，仅占总蒸腾量的 5%～10%，所以气孔蒸腾是作物的主要途径。

气孔是作物蒸腾的通道，也是光合作用吸收空气中 CO_2 的主要入口，它是作物体与外界气体交换的"大门"，影响着蒸腾、光合、呼吸等。关于水稻叶片气孔密度，据国内外报道，在 1 mm^2 叶面积内，上表皮有 400 个左右，下表皮有 300 个左右，上表皮气孔密度较下表皮稍大。在同一片叶子中，叶尖气孔多一点，基部少一些；不同叶位的叶片，上位叶气孔多一些，下位叶气孔少一些。当气孔完全开放时，其总面积只占叶子总面积的 1% 左右，但其蒸腾量却可达与叶面积相同的自由水面蒸发量的 50%。

(2) 影响水稻蒸腾作用的因素

蒸腾作用是复杂的生理过程，它既受作物本身的形态结构和生理状况的制约，又受外界条件的影响。

内部因素 水稻在不同生育阶段，蒸腾强度是不同的，它随着生育进程而增加，到抽穗开花前后达到高峰，以后又逐渐降低。在相同生育期，嫩叶蒸腾强度大，老叶蒸腾强度减弱。水稻叶片气孔蒸腾阻力是影响蒸腾作用的主要内部因素。蒸腾作用主要是通过稻叶气孔进行，气孔两侧有两个保卫细胞，通过这两个保卫细胞来控制气孔的开闭。保卫细胞的构造内壁比外壁厚，当土壤水分充足时，细胞向外膨胀，使气孔张开，蒸腾作用加快。但在水分不足或干旱时，保卫细胞膨胀减少或消失，气孔就部分地或全部关闭，以保存水分，阻止体内水分消失，这就是气孔蒸腾阻力。气孔蒸腾阻力，就是叶片阻止水分从气孔消失的力量。它可以用来衡量稻株体内的缺水情况，气孔蒸腾阻力减少时，蒸腾作用增加，两者成反比。

外部环境 水稻蒸腾强度的大小主要是通过气孔运动来实现的，影响气孔运动的因素很多，主要影响因子有光照、温度、空气湿度和水肥管理，这些因子是影响水稻蒸腾的外部环境条件。光照强度是影响水稻蒸腾作用的最主要外界条件，它不仅可以提高大气温度，同时也提高叶片温度，这些都会增加蒸腾强度。此外，光能促进气孔开放，从而提高蒸腾强度。在供水良好、温度适宜时，气孔是在阳光下张开、在黑暗中关闭的。温度也是影响蒸腾强度的重要因素，气温增高时，加大了叶片内外蒸气压差，气孔开度增大，水分变成水蒸气从叶片跑出的速度加快，叶片蒸腾增强。气孔开度一般随温度升高而增大,在30℃左右达最大,35℃以上反使气孔开度变小。低温下(如10℃以下)即使长期光照,气孔也不能很好张开。空气湿度与蒸腾强度有密切关系,空气湿度低,叶片内外蒸气压差增大,气孔开度增大,水分变成水蒸气从叶片内跑到叶片外的速度快,空气湿度大则会减少气孔的开度,蒸腾速度变慢。不同水肥管理能改变水稻蒸腾强度,大量的试验证明,水分供应不足就会降低水稻的蒸腾强度,水分充足且追施氮肥则能显著提高水稻蒸腾强度。

2.1.3 水稻的需水特性

(1) 水稻植株水分的输导和平衡

水稻根系吸收的水分,绝大部分要输导至叶部并通过气孔蒸腾出去,因此要经过长距离的输导。植株体内的水分输导途径是:土壤→根毛→根的皮层和内皮层→根的中柱鞘→根导管→茎导管→叶柄导管→叶脉导管→叶肉细胞→叶肉细胞间隙→气孔腔→气孔→大气。

在土壤—植物—大气连续体(SPAC)中,各部位水势的大小顺序是:$\psi_土$ > $\psi_根$ > $\psi_茎$ > $\psi_叶$ > $\psi_{大气}$。土水势上限一般为0～0.2 MPa,低至－1.5 MPa,根系吸水就困难。根水势一般最高为－0.2 MPa,最低可降至－1.5 MPa。一般农作物的茎水势约为－0.2～－0.4 MPa,正常生长情况下的叶水势一般在－0.6 MPa左右。大气的水势特别低,当空气相对湿度为50%左右时,其水势约为－100 MPa。有这样大的水势梯度,就可以使植株体内水分通过叶气孔接连不断地向大气蒸散。叶片失水后,叶水势降低,吸水力增大,作物体内的液态水流就受到一种向上拉的蒸腾拉力,使茎中水分向上输导,同时茎水势降低,便从根部吸水,将这种拉力传至根部,促使根系进一步从土壤中吸水。水分子的巨大内聚力(一般为20～30 MPa及以上),可使上升水柱不被拉断和脱离管壁,从而保持水柱的连续性,这对保证蒸腾拉力使水分上升有很重要的作用。

水稻植株水分的主要代谢过程,就是吸收、输导和散失。只有根系吸水和蒸腾失水经常协调,并保持适当的水分平衡,水稻才能生长发育良好。水稻在长期的进化过程和人工培育中,形成了一定的调节水分吸收和消耗而维持其水分适当平衡的能力,但这种能力是有限的,因而水稻植株的水分平衡只是相对的。在各种外界因素的影响下,水稻植株往往在短时间或长时间处于水分不平衡的态势,例如当田间水分亏缺或大气干旱蒸腾大于吸水,作物体内水分不足,就会影响其正常的生长发育甚至死亡;稻田水层过深,水稻受淹,根系吸水功能、叶片呼吸功能受阻,体内水分平衡被破坏,作物生长困难,甚至受涝而死。

(2) 水稻的需水规律

水稻对水的需求情况是复杂的,水少了不行,水多了也不行。水稻在不同生育期对水分需求量有很大差别,因为个体不断长大,群体不断增加,需要水分也就不断增加。同时稻株本身生理特征不断改变,对水分的需求量也有所不同。因此,要使水稻生长良好,必须适时适量地供给水稻植株所必需的生理用水和生态用水。

水稻的生理需水是指供给水稻本身生长发育、进行正常生命活动所需的水分。维持水稻正常生理功能所消耗的水量,绝大部分是通过植株蒸腾而散失到大气中去,因此生理需水实际上是指水稻的蒸腾量。蒸腾强度是随着绿色叶面积和植株高度的增加而逐渐增加的,到了成熟期,又随着绿色叶面积逐渐减少而递减,在水稻一生中,生理需水的变化规律是从小到大,再由大变小。

水稻在分蘖前期的叶面积很小,蒸腾量也很小;随着生育进程的发展,水稻叶面积加大,蒸腾量也逐渐增大,一般情况下,孕穗期至抽穗期达到高峰;以后叶片逐渐成熟、枯黄,蒸腾量也逐渐下降。蒸腾作用使得水在植株体内传输,将有机和无机物质输送到各器官,同时带走大量热量,使水稻地上部分不致因过热而被阳光灼伤。试验表明,蒸腾作用不仅在叶片进行,在稻株的其他部分,如叶鞘、穗等都发生蒸腾作用。特别在抽穗以后,穗和叶鞘的蒸腾量可达总蒸腾量的 20%~40%。

水稻的生态需水是指为保证水稻正常生长发育,创造一个良好的生态环境所需的水分,这部分水量主要包括棵间蒸发和稻田渗漏。水稻生态需水的作用是多方面的,但最主要的作用是以水调温、以水调肥、以水调气、以水调湿及以水压盐等。

以水调温是通过调节稻田水层的深浅和有无,来调节土壤的温度、湿度,改善田间小气候。水的比热容较大($4.2 \text{ kJ/kg} \cdot \text{℃}$),水的汽化热非常高(在 20℃时为 2 450 J/g),由于水具有这些物理特性,所以在高温的情况下,水分能吸收大量的热能;在气温下降时,水分又把大量的热量释放出来。人们利用水的这些特性,遇低温,采用日浅夜深的水层管理,可以提高水温和土温;

遇高温,则采用日深夜浅的管理,可起到降温作用。

以水调肥是通过水层的变化,调节养分的积累、分解和利用,以促进水稻合理吸收、健壮生长。水稻最易利用的氮源是铵态氮,而土壤中的铵态氮来自土壤有机质的矿化,即氨化细菌把有机氮化物分解成氨。大量的实验表明,水田灌水期间,土壤氨化细菌数量增加,而且氨化作用进行得很旺盛,几乎没有停滞期或逆转期,在稻田蓄水期间,土壤铵态氮是主要无机氮素成分。在施用化肥后,如保持水层,就能在土壤中保持铵态氮,使其不易脱失。此外,在有水层的情况下,土壤中的有效磷含量也会显著增加。

以水调气是通过落干和晒田,促使水气交换,增加土壤中的氧气含量,可减少有毒物质的产生,改善土壤理化状况,促进养分的分解与活化,增强根系活力,起到促根控蘖的作用。在淹水情况下,通过田间渗漏量可将溶于水的还原有毒物质排除,同时也将氧气带入土壤中,改善根系层土壤的水气条件。

以水调湿是通过稻田水层提高空气的相对湿度,有利于秧苗返青和稻株抽穗。初插的秧苗,根部受伤,吸水力弱,水分极易失去平衡。插秧后保持田间适宜深度的水层,不但能为秧苗创造一个温度比较稳定的环境,而且可以提高田间的湿度和减少秧苗蒸腾面积,使秧苗蒸腾强度降低,有利于植株水分平衡,早生新根,迅速返青。水稻抽穗时要有比较湿润的空气湿度,当空气湿度仅在50%左右时,则水稻抽穗比较困难,此时田间保持适宜水层,有利于增加田间空气湿度。

以水压盐是指对于盐碱地、咸酸地以及有毒物质含量较多的渍害低产田,通过实施稻田渗漏淋洗,可减少有毒物质的积累。在盐渍土上种稻,除了种稻前泡田洗盐外,在水稻生长期间,一般要求长期水层淹灌,不宜脱水。同时要求活水灌溉、定期换水,以使咸水排出,可有效地改善水稻根层的生态环境。

2.1.4 水稻田间耗水量

水稻田间耗水量是由植株蒸腾量、棵间蒸发量和田间渗漏量三大部分组成,其中植株蒸腾量和棵间蒸发量之和又叫水稻需水量。

(1) 水稻需水量

水稻需水量是指水稻植株蒸腾量和棵间蒸发量之和。由于我国稻作面积辽阔,加上气候地理等环境条件以及农业栽培技术的不同,形成了水稻需水量的极大地区差异。不仅同一品种水稻存在地区差异,就是在同一地区不同稻别(早稻、晚稻)的需水量也有很大不同。

我国南方地区,双季早稻的稻作期大多为4—7月,本田生长期一般为80～95天,华南地区长于华中地区,平均需水量340～390 mm,由南向北呈递减的趋势。双季晚稻的稻作期为7—11月,本田生长期85～110天,平均需水量320～600 mm。晚稻期间由于降雨、气温、湿度等气象因素变动较大,生长期变化也较大,需水量一般大于早稻,且变化幅度也大。根据各地多年实测资料统计,双季晚稻本田生长期和需水量,华南地区均大于华中地区,并由南向北呈递减的趋势。单季中稻主要分布于华中地区,稻作期多在5—9月,本田生长期较长,约90～110天,平均需水量为330～690 mm,其变化幅度比双季早、晚稻都大,主要表现在地区差异上。单季晚稻主要分布在江苏、浙江、安徽等省,本田生长期115～128天,比该地区中稻生长期长15～20天,平均需水量540～770 mm,比双季早、晚稻和单季中稻都大。

我国北方水稻面积分布较为广阔,从华北平原到东北三省、内蒙古、宁夏、新疆等地均有种植。华北平原南部多为麦茬稻,其他地区,如东北、宁夏、内蒙古等地,则为一季稻单作。北方水稻需水量,由于地区气候条件的差异,空间变化比较大。东北、华北地区水稻需水量在312.7～700 mm之间。宁夏引黄灌区水稻生长期,空气干燥,需水量竟达1 000～1 200 mm,是北方地区水稻需水量最高地区之一。

秧田期需水量是水稻需水量的一个组成部分,计算水稻需水量时应包括秧田期的需水量。秧田期需水量同本田期需水量一样,受多种因素影响。水稻品种不同、秧期长短不一,需水量是不同的。育秧方式不同,需水量也不同。水播水育最大,湿润育次之,旱播旱育最小。一般来讲,早稻秧苗的需水量变化在36～107 mm之间,中稻秧苗的需水量约为85～180 mm,晚稻秧苗的需水量的变化范围是83～210 mm。

光照、太阳辐射量、气温、积温等气象因素对水稻需水量有明显影响。水稻需水量随着气温的升高而增加,且早稻比晚稻明显。当全生育期日平均光照、风速、相对湿度相同或相近时,日平均气温升高1℃,则水稻全生育期平均的蒸发蒸腾强度:早稻增大0.69～0.85 mm/d;晚稻增大0.42～0.44 mm/d。水稻需水量随着光照时数的增加而增大,且早稻比晚稻明显。当水稻全生育期日平均气温、风速、相对湿度相同或相近时,日平均光照时数增加1小时,则水稻全生育期平均蒸发蒸腾强度:早稻增大0.71～1.34 mm/d;晚稻增大

0.35~0.45 mm/d。水稻需水量随着风速的增加而增大。在有风条件下,水平方向紊流作用的影响比较显著,当水稻全生育期日平均气温、光照、相对温度相同或相近时,日平均风速增大1.0 m/s,则水稻全生育期平均蒸发蒸腾强度:早稻增大0.5~2.0 mm/d;晚稻增大1.14~1.33 mm/d。水稻需水量随着空气湿度的增加而减少,且早稻比晚稻显著。当水稻全生育期日平均气温、光照、风速相同或接近时,日平均相对湿度降低5%时,则水稻全生育期平均蒸发蒸腾强度:早稻增大1.5~1.8 mm/d;晚稻增大0.7~1.3 mm/d。

影响水稻需水量的因素,除以上气象因素外,农业技术措施(品种、密度、施肥)以及田间水管理技术等非气象因素,对水稻需水量也产生一定影响。栽插密度对需水量的影响:一般在合理的种植密度范围内,密度大,单位面积上植株总数增多,总的叶面积增大,叶面蒸腾量增大,而棵间蒸发量却相应减少,但棵间蒸发量的减少值小于叶面蒸腾量的增加值,结果水稻蒸腾蒸发量仍是随种植密度增加而增大。施肥水平对需水量的影响:施肥多少关系着植株的生长发育和产量,在合理施肥的条件下,肥料愈多,发酵过程中发出的热量也愈大,使土温水温升高;同时施肥量的增加会促使稻株生长健壮,根系发达,茎叶茂盛,使水稻蒸发蒸腾量增大。品种对需水量的影响:水稻每一品种的生理需水和对外界环境条件均有一定要求,这是品种固有属性。不同品种,其生长期长短不同,株高、茎、叶等群体结构也不相同,呼吸和光合作用的强度也有差异,因此蒸发蒸腾也不相同。根据广东省资料,水稻不同品种之间的蒸腾蒸发量差异一般在8.5%~17.8%。灌溉技术对需水量的影响:不同的灌溉技术措施,反映出田间不同的水分管理,尤其是在水稻分蘖后期至成熟期,对田间土壤水分控制上的差异,调节和控制了水、肥、气、热状况,引起了株高、根系发育以及叶面积指数的变化,从而影响到需水量的大小;不同灌溉技术条件下,水稻需水量的变化趋势是,深水灌溉大于浅水灌溉,浅水灌溉大于湿润或浅湿灌溉,控制灌溉的需水量最小。根据河海大学、济宁市麦仁店灌溉试验站的实测资料分析,如果水稻以浅水灌溉的腾发量为基准,则深水灌溉的腾发量增大8.1%,湿润灌溉的腾发量减少5.7%,控制灌溉的腾发量则减少29.9%。

(2) 田间渗漏量

在淹水灌溉条件下,稻田有适宜的渗漏量,具有重要的生理生态意义。水稻的无机营养主要由根系来吸收,根系要完成正常的生理活动必须有足够的氧气。土壤长期淹水，会产生以下有害物质：

有机酸　在高温渍水嫌气条件下，有机质分解为有机酸。有机酸的毒害作用，主要是抑制根对磷、钾肥吸收，使稻体内抗坏血酸、谷胱甘肽等还原型比率增加，造成稻株体内氧化还原电位下降。

硫化氢　在渍水嫌气条件下，土壤中的硫酸盐在反硫化细菌作用下，还原为硫化物和硫化氢，硫化氢的浓度达到 0.07 mg/L，即对稻根有毒害。硫化氢对稻体内所有含金属的酶都有降低其活性的危害，特别对细胞色素氧化酶、抗坏血酸氧化酶、过氧化物酶有强抑制作用，对根吸收磷、钾肥亦有抑制作用。

亚铁　稻田土壤存在大量的铁，在渍水嫌气条件下，高价铁还原成低价铁。当水溶性亚铁浓度大于 60 mg/L，即对稻根有毒害，抑制根对磷、钾肥的吸收，并导致水稻根叶早衰。

有机酸、硫化氢和水溶性亚铁都能溶于水。稻田渗漏过程中，可将溶于水的还原有毒物质排除，同时也将氧气带入土壤中，提高土壤氧化还原电位。因此，在淹水灌溉条件下，适宜的稻田渗漏量，能改善稻根的生长环境，促进水稻正常生长发育，提高水稻产量。然而，稻田渗漏量既消耗了大量的灌溉水量，又使土壤中的肥料尤其是氮素流失，对生态环境产生不利影响。因而减少渗漏量对节水和保护生态环境都有重要意义。

稻田渗漏量分为田埂渗漏和底层渗漏（简称旁渗和直渗），是稻田耗水的重要组成部分。稻田渗漏的大小，与稻田的土壤质地、土壤结构、地下水位、田面水层深浅以及边界条件等因素有关。在土壤饱和条件下，水在土壤中的渗透流动符合"达西定律"，其表达式为：

$$q = K_S \frac{\Delta H}{\Delta L} \tag{2-1}$$

式中：q—稻田渗漏强度，m/d；K_S—土壤渗透系数，m/d；ΔH—作用水头，m；ΔL—渗径，m；$\frac{\Delta H}{\Delta L}$—水力梯度。

从上式可以看出，稻田渗漏强度与渗透系数和水力梯度成正比。渗透系数 K_S 大小与土壤的类型、结构、质地及孔隙的性质等因素有关。水力梯度是影响稻田渗漏量的重要因素，其大小与排水沟（管）的间距、深度、沟（管）水位及田面水层等因素有密切关系。

由于地形、土壤条件与水文条件的差异较大，因此，我国各地稻田渗漏量的变幅很大。根据南方稻区的实测资料统计,常规淹水灌溉条件下,本田期多年平均渗漏量:早稻为144.4~577.8 mm,晚稻为110.6~566.3 mm。渗漏量占田间耗水量的比例:早稻为25.5%~62.7%,晚稻为22.5%~57.7%。

稻田渗漏强度随土质而异,在南方稻作区,双季早、晚稻本田期的平均渗漏强度:黏土为0.9~2.4 mm/d;壤土为1.6~2.8 mm/d;沙壤土为2.1~4.7 mm/d。单季中晚稻本田期的平均渗漏强度:黏土为1.2~4.0 mm/d;壤土为2.1~5.3 mm/d;沙壤土为5.5~9.8 mm/d。

2.1.5 旱涝胁迫对水稻生长的影响

(1) 干旱对水稻生理生长的影响

随着水资源的日益紧缺,国内外相继开展了干旱对水稻生理生长影响的试验研究。水分亏缺首先影响水稻的生理、生化过程,然后影响其生长状况和形态,最终使水稻产量受到影响。干旱对水稻生理指标的影响机理,是研究水稻各阶段不同程度缺水对产量影响定量关系的理论基础。

干旱导致水稻光合作用减弱是水稻减产的一个重要原因。通常认为干旱影响光合作用的主要因素是通过气孔限制和非气孔限制。前者是指水分胁迫使气孔导度下降,CO_2进入叶片受阻而使光合下降;后者是指光合器官光合活性的下降。以前多认为旱胁迫条件下净光合速率(P_n)下降主要是气孔关闭引起的,但是近年来的研究结果表明,旱胁迫下P_n下降的主要原因并非是气孔关闭,而是非气孔因素明显地限制了光合作用。也有研究认为气孔与非气孔因素之间没有明显的界限,两者同时存在,并且彼此之间相互影响。一般认为干旱胁迫初期气孔因素一方面限制了胁迫的发展,降低了光合器官的胁迫强度,另一方面也诱发了非气孔因素的产生。匡廷云研究认为,不同程度的旱胁迫引起的气孔与非气孔因素情况也不同。轻度旱胁迫下细胞代谢基本正常,气孔因素引起P_n下降,随着旱胁迫程度加重作物自身代谢被扰乱,非气孔因素成为P_n下降的主因,即轻度或中度旱胁迫时以气孔因素为主,重度胁迫时以非气孔因素为主。丁继辉等研究发现干旱胁迫下单叶净光合速率的日变化规律表现为:胁迫较轻时,单叶净光合速率在正午附近出现低谷;胁迫严重时,净光合速率全天低于对照,且不及对照的一半,在水稻抽穗期和灌浆期叶片净光合速率显著下降。此外,干旱还影响其他与光合作用有关的生理生化过程,如降低气孔导度和蒸腾速率,使光合产物运输受阻;抑制光合作用反应中原初光能转换、电子传递、光合磷酸化和光合作用暗反应进程,最终导致光合作用下降等。气孔调节是旱胁迫下作物适应环境、抵抗干旱的机制之一。旱胁迫条件下作物通过关闭气孔来调节蒸腾作用,从而防止水分过度散失导致作物组织损伤,与此同时,作物自身的各种生理代谢功能均会受到气孔调节的作用。

不同干旱程度下,水稻的叶水势、蒸腾速率、气孔导度等生理指标对水分亏缺的反应不同。胡继超等研究认为,干旱胁迫后,水稻叶水势低于对照,午后叶水势回升缓慢;凌晨叶水势随土壤含水量的降低而降低,表现为阈值反应,凌晨叶水势临界值为-1.04 MPa 和 -1.13 MPa,对应的土壤含水量阈值分别为饱和含水量的 61.0% 和 50.9%,土壤水势分别为 -0.133 MPa 和 -0.240 MPa。干旱胁迫条件下光合速率下降,尤其在辐射最强、蒸腾最为旺盛的午后。干旱胁迫对有些作物光合速率的日变化规律的影响还表现为中午"午休"现象的出现或加剧,且研究认为蒸腾速率随气孔导度的下降而直线下降,光合速率则在水分胁迫较轻时下降缓慢,到达一定程度后迅速下降。水分亏缺对水稻生长影响主要是减弱细胞扩张,蒸腾则是生长过程中伴随的生理现象,与产量形成无直接关系,而水分对光合作用的影响才具有实质性作用,研究还指出土壤水分与蒸腾速率关系表现为线性,而与光合速率关系为曲线。

植物在干旱胁迫下的质膜损伤和膜透性的增加是干旱伤害的本质之一。利容千等研究表明当作物受旱灾时,最明显的变化是由于脱水使膜系统受到损伤,原生质膜的组成和结构发生明显变化,细胞膜透性平衡被破坏,大量无机离子和氨基酸、可溶性糖等小分子物质被动地向组织外渗透。许多研究结果表明,膜脂过氧化是干旱对植物细胞膜造成伤害的原初机制,而膜磷脂脱酯化反应则在之后发生,并受其启动,进一步加剧了膜的伤害并导致了膜的解体。近年来,更多的学者研究认为,干旱引起的膜伤害是由于机体自由基产生过多或抗氧化防御系统作用减弱时,体内自由基不能被完全清除而累积,进而诱发脂质过氧化作用而致生物膜损伤。因而用生物膜自由基伤害理论来解释膜伤害现象,已成为一种重要的旱逆机理。

关于干旱对水稻生长发育的影响也开展了很多的研究。张明炷等研究表明,干旱对作物叶片水分状况和细胞扩张影响很大,进而影响叶面积的伸展,造成叶面积的减小,同时导致叶片形状、态势、色泽等方面的改变。干旱条件下叶片生长受阻,叶面积指数 LAI 随干旱程度加剧而减小,干旱导致水稻抽穗后旗叶绿色叶面积和叶绿素含量下降，叶片易早衰，旗叶光合速率降低，谷粒增重缓慢，千粒重低，产量下降。研究认为干旱胁迫条件下，根系先于地上部分做出反应，适度干旱条件可以促进根系生长和根系的下扎，增加根系的分枝，但严重干旱会抑制根系的生长，导致分枝减少，干物质、根长等降低。水稻孕穗期干旱导致水稻籽粒的体积、长、宽、厚、千粒重等性状发生改变。正常栽培条件下，不同水稻品种籽粒长宽值越大，则体积越大，但干旱处理后籽粒宽度的相对变化率对该品种粒体积变化的影响最大，籽粒厚度的相对变化率对其影响最小。在正常栽培条件下，水稻籽粒体积与千粒重成显著正相关，但干旱处理后二者的相关性有所下降。姜心禄等通过对不同生育时期的水稻进行干旱胁迫，结果表明：孕穗期-齐穗期缺水受旱会导致绝收，齐穗期-乳熟期受旱将导致严重减产，但在营养生长阶段（有效分蘖终止期前后）适度受旱，稻谷产量会增加。丁友苗等的研究表明，不同生育期干旱胁迫对产量影响程度依次为：幼穗分化后期＞抽穗期＞幼穗分化前期＞有效分蘖期＞灌浆前期＞灌浆后期＞无效分蘖期，幼穗分化后期（花粉母细胞形成期）对干旱胁迫最敏感，无效分蘖期对水分最不敏感。此外，已有大量研究结果表明，水稻在适度水分亏缺逆境下，具有一定的适应和抵抗效应，在经受了适度的水分胁迫后，虽对当时的生长和发育产生了一定抑制，但经降雨和灌水的补救，一段时间后又会加快生长，表现为一种补偿生长效应。

(2) 涝渍胁迫对水稻生理生长的影响

水稻遭受洪涝灾害时，其主要表现为叶片变黄，绿叶减少，光合功能受损，根系严重缺氧，白根数减少，生长发育受阻，分蘖数量减少、干重降低，且受灾程度随淹水时间的延长而加剧，严重时甚至导致植株死亡。

基于自然条件下洪涝灾害对水稻的伤害，很多学者开展了水稻没顶淹没试验。Meng 等和 Shao 等的研究结果表明水稻受淹后完全伸展叶片净光合速率降低，叶绿素含量在孕穗期明显降低，但在乳熟期只有少量下降；电导率明显增加，细胞膜透性增大，脯氨酸含量增加，根系伤流量减少，根系活力降低；伤流液中的主要氨基酸如 Ala、Pro、Phe 的含量增加，叶鞘可溶性糖含量下降；植株增高，第 4 节间显著伸长，主茎绿叶数减少，茎秆死亡率增加，高节位不定芽率增加，生育期延迟，每蔸有效穗减少，结实率显著下降，千粒重降低，每蔸籽粒产量降低。水稻受洪涝伤害后，叶片的净光合速率、可溶性糖、淀粉和总糖含量下降，淀粉下降比可溶性糖快得多，导致光合速率降低的因素有叶片失绿、CO_2 浓度低且在水中扩散慢、含泥浆水中光照强度低和泥沙附在叶片上堵塞气孔等。淹水时光合速率降低还可能是洪涝胁迫导致光系统Ⅱ（PSⅡ）周围的光合化学元件发生变化，而这些光合化学元件很容易受到环境胁迫如低温、光合抑制剂的破坏。据报道水稻受到雨涝灾害，使稻株的生理代谢功能失调，光合生产量下降，茎蘖数减少，有效穗数严重不足，或是小穗增多，致使水稻生育期延迟，穗花期又易受到低温危害，造成水稻减产。受雨涝 3d 的稻株，心叶的光合速率约下降 10%，受涝 5d 的下降 30%。

洪涝灾害除对水稻造成直接伤害外，主要是诱导次生胁迫如低氧、缺氧、高浓度乙烯等，从而严重影响水稻的生长发育。彭克勤等对早稻（湘早籼 19 号）、中稻（泰香稻和 IR64）的不同生育时期进行了不同时间的没顶淹水处理发现，受淹稻株膜酯过氧化产物 MDA 含量增加，脯氨酸含量明显升高，且以孕穗期表现最为显著；湘早籼 19 号的 N、P 含量略有上升，K 含量下降；泰香稻和 IR64 的乙醇脱氢酶活性先降后升，三磷酸腺苷酶（ATP）活性先升后降，琥珀酸脱氢酶活性下降；IR64 的葡萄糖-6-磷酸脱氢酶活性升高。张伟杨认为，节间快速生长是由于缺氧诱导，并由乙烯累积所控制，通过激活氨基环丙烷羧酸合成酶（ACS），乙烯含量可增加 8 倍。有关研究表明，许多逆境胁迫的后果和细胞膜的受伤害密切相关，受洪涝伤害的水稻电解率、丙二醛含量和脯氨酸含量上升，这暗示淹涝条件下水稻以无氧呼吸为主，高浓度乙烯，低浓度氧和其他嫌气毒物（如 H_2S，Fe^{2+}，乙酸，丁酸等）都会对代谢或者生物膜的完整性产生不利影响。朱海霞等研究表明水稻抽穗前后发生洪涝灾害，严重影响水稻后期生长和产量形成。具体表现在，植株绿叶数减少，光合作用下降；部分主茎及大分蘖的包穗腐烂，造成穗数减少，结实率下降，千粒重下降，产量严重下降，减产幅度因淹水深和持续时间而异。水稻孕穗抽穗期是对洪涝最敏感的时期，一旦淹没 5~6 d，产量近乎绝收。邵长秀试验表明，水稻淹没阶段，生育进程近乎中断；出水以后，存活稻株新生叶片变小，节间长度缩短，株高变矮，高位分蘖出生增多，成穗的比重增大，抽穗期拉长，生育期后延；在淹没 10 天内，随淹没天数增加，产量损失加重，直至失收。水稻受淹期间，正常的呼吸作用和同化作用受阻，退水后，叶面附泥较多（附着的污泥风干后雨水不易冲洗）影响抽穗后的光合作用，导致严重减产，并且出米率下降，米色变黑。李华伟观测到，淹水条件下，水稻有极少数叶片和花穗有光合活性，谷粒中光合产物也只能从这少部分的光合作用中得到 8%~23%。

另外，也有一些研究水稻部分受淹的试验。黄璜研究发现，早稻成熟期深灌不影响植株个体和群体的光合作用,也不显著影响光合作用的环境。由于抽穗开花期末株高达 70 cm,所有叶片均位于水层之上,都能进行正常光合作用。深灌与浅灌比较,植株的淀粉、可溶性蛋白质含量变化不显著。在深灌期间,丙二醛(MDA)含量未升高,但退水后,深灌 20 cm 的 MDA 含量明显升高。张彩霞等发现,淹水后碳素向顶部节间的转运受到促进,稻株通过调整光合同化物的分布促进节间的生长;但在生殖生长阶段,轻度受淹植株积累较多的干物质,开花期营养器官的干物质高,因而成熟时空壳率降低,谷物产量提高。

2.2 水稻的营养生理

2.2.1 水稻必需的矿质元素及其作用

前人大量的研究表明,水稻生长必需的矿质元素有:氮、磷、钾、硅、硫、镁、钙、铁、锰、锌、硼、铜、钼、氯等。其中氮、磷、钾、硅、硫、镁、钙等元素需要量比较大,称为常量元素;而铁、锰、锌、硼、铜、钼、氯等元素需要量较小,称为微量元素。

(1) 常量元素的生理作用

氮 氮素在水稻植株体内所占的比例一般为 1%~4%,其含量的最大值在返青期,最小值在黄熟期。若将茎叶和穗区别来看,则茎叶含氮率也是 1%~4%之间,而穗的含氮量则在 1%~3%之间,稍低于茎叶的含氮量,稻株的含氮量虽然不高,但是氮素对水稻的生长发育却有巨大的作用。氮是构成蛋白质的主要成分,占蛋白质含量的 16%~18%,而细胞质、细胞核和酶都含有蛋白质,所以氮也是细胞质、细胞核和酶的组成成分。水稻体内的核酸、磷脂、叶绿素以及某些植物激素、维生素等重要物质都含有氮。没有氮,就没有细胞的各组成部分,稻株就不能新陈代谢,也就不能形成新细胞,植株更不能生长。氮在水稻的生命活动中占有首要地位,它直接影响到稻株各器官的生长发育。氮素供应充足时,水稻根系生长快,根数增多,根干重大,但根较短;氮素能提高叶片叶绿素含量,使叶片伸长,增加光合强度,延长叶片寿命;水稻分蘖原基的发育受到茎秆供氮的影响,植株含氮量高时,休眠芽越活跃,形成分蘖数量就越多;当外部供给氮肥时,首先利用于株高的生长,如果氮素还有盈余,然后才被分蘖所利用,过多的氮素不是积累在籽粒,而是积累在茎叶中;氮素可以促进植株中各种氨基酸和酰胺的合成,有利于蛋白质的合成,而蛋白质既能促进颖花分化,又能促进光合进程,形成较多的同化产物,满足颖花分化的需要。氮肥供应充足时,水稻的根、茎、叶生长较好,茎叶的叶绿素含量高,叶色青绿,光合旺盛,叶片寿命较长,分蘖较多,颖花数多,生长健壮,产量高。但是,如果氮素供给过多,叶色深绿,营养生长迅速,群体过大,田间隐蔽,光线不足,致使机械组织不发达,易倒伏,也易受病虫害的危害。稻株缺乏氮素时,秧苗移栽后返青慢,生长停滞,植株矮小,叶片小而向上挺立,叶色变淡或发黄,分蘖少或不分蘖,下部叶先黄后枯,根长而细,最终导致穗数少,粒数少,千粒重低,但谷色好。

磷 稻体内磷的含量与氮不同,整个生育期中含量变化的幅度小,一般在 $0.4\% \sim 1\%$ 的范围以内,其含量的最大值多是在拔节期,最小值在黄熟期。茎叶含磷量与稻株差异不大,但穗的含磷量则较高,在 $0.5\% \sim 1.4\%$ 之间。磷是细胞质和细胞核的重要成分之一,而且对三大物质(糖、蛋白质和脂肪)的代谢都直接参与,所以,磷对稻株的生长发育和各生理过程都具促进作用。磷供应充足,稻株生长良好,分蘖多,代谢进行正常,同时能提高水稻的抗寒性和抗旱性,提早成熟,产量高。缺磷时,稻株体内蛋白质合成受阻,新的细胞核形成较少,影响细胞分裂,所以植株生长缓慢,稻株矮小,分蘖少或不分蘖,叶片细长,叶色暗绿,伸展角度小,成熟迟,产量低。水稻各个生育期都需要磷,尤其是幼苗期和分蘖期更是需要,如果在这两个生育期缺磷,则分蘖数、地上部和地下部干重、冠根比都较小,若这两个生育期供磷充分,以后即便无磷也不至于发生严重缺磷现象。

钾 钾在稻株体内几乎完全呈离子状态,部分在原生质中处于吸附状态。与氮、磷相反,钾不是有机物的重要组成成分,钾主要集中在植物生长最活跃的部分,如生长点、幼叶等。早稻钾含量($2\% \sim 5.5\%$)比晚稻钾含量($2\% \sim 3.5\%$)普遍高一点。水稻孕穗期含钾量最高,其他各生育期茎叶钾含量在 $1.5\% \sim 3.5\%$ 之间,而穗部的钾含量在开花期以后只维持在较低水平(1% 以下)。孕穗期茎、叶含钾量不足 1.2%,颖花数会显著减少。钾是参与植株体内各种重要反应酶的活化剂,可以促进核酸的合成,进而促进水稻体内蛋白质的合成。钾与蛋白质在植物体中的分布是一致的,凡是蛋白质丰富的部位(如生长点等),钾离子的含量就大。钾能促进碳水化合物的合成,钾肥充足植株体内的蔗糖、淀粉、纤维素和木质素含量较高,葡萄糖积累较少,机械组织发达。同时钾能促进碳水化合物运输到贮藏器官。钾不足时,碳水化合物的形成积累较少,干物质积累较慢。因为缺钾一方面使光合强度下降,合成同化物就少,另一方面缺钾会促进呼吸强度,消耗较多有机物质。因此缺钾可影响稻茎淀粉和组成细胞壁物质(如纤维素、木质素)的积累,茎部抗折强度下降。总之,在水稻栽培中,钾供应充足时,碳水化合物合成加强,纤维素、木质素含量提高,干物重增加,茎秆坚韧,抗倒伏,生长健壮,籽粒饱满,产量高。缺钾时,水稻叶色暗绿,叶片窄、短、软,叶伸展角度大,叶枕距明显缩短,新叶发生褐色斑点,老叶发展为褐斑块,早衰现象严重;不分蘖或少分蘖,穗子小,结实率低,千粒重下降,产量低。

硅 水稻是有代表性的硅酸植物,也是作物中吸收硅最多的唯一种类。稻株茎叶含硅(SiO_2)量4%~20%,平均为11%,约为含氮量的10倍,比大麦、番茄、萝卜、洋葱、甘蓝等地上部分的含硅量高10倍到几百倍。在水稻不同器官中,叶鞘和叶片的含硅量最大,茎和穗就比较少,在不同生育期中,稻株含硅量基本上随着生育进程而增加。硅在水稻生产中所起的作用主要有以下方面:(1)由根部所吸收的硅随蒸腾流上升,水分从叶片表面蒸腾出去,大部分硅就积累在表皮细胞的角质层上,形成"角质-硅质"双层,由于硅酸不易透水,能降低蒸腾强度,另一方面叶、茎表面硅质化后,可以防御真菌和昆虫侵入;(2)硅能促进空气中的氧气通过通气组织进入稻根,并从根部向土壤排出,增加根的氧化能力,同时可将土壤中的Fe^{2+}和Mn^{2+}氧化成不溶解物质沉淀在根的表面,吸入体内的Fe和Mn就相对减少,从而降低亚铁和锰对水稻的毒害作用。供硅充足时,稻叶色深、直立;缺硅时,水稻群体光合能力下降,茎、根的通气组织不发达,易呈现铁锰的生理毒害,表现为植株矮,叶软下垂,易受病菌侵入,产量显著下降。水稻可从耕作层土壤和水中得到硅酸,但其数量往往不能满足水稻的生长要求,除了加深耕作层外,还要施用硅肥。稻秆的堆肥含有7%的硅,因此稻草还田是很好的补硅措施。

硫 水稻植株含硫(SO_3)量大约是0.2%~1.0%。研究表明,水稻移栽后,秧苗猛烈吸收硫素,至返青期达到最高含量(1.0%),以后随着生育进程茎叶含硫量逐渐下降,在开花期以后逐趋稳定。除孕穗期以外,穗部其他时间的含硫量都比茎叶少。水稻吸收利用的硫主要是硫酸盐,也可以吸收利用亚硫酸盐和部分含硫的氨基酸。水稻中硫素和氮代谢的关系非常密切,水稻植株缺硫则破坏蛋白质正常代谢,阻碍蛋白质的合成。硫对水稻的生理作用是非常广泛的,其重要性不亚于氮素,因此,在生产上除氮、磷、钾三要素为主要施肥对象外,人们对施用硫肥也比较重视。缺硫时,稻株生长受抑制,初期叶色变淡,严重时出现褐色斑点,根数少,不分枝。不同生育期缺硫对生长影响不同,其中以分蘖期缺硫对稻株生长的影响最大。一般情况下,施用较多的有机肥和长期施用硫酸铵等含硫无机化肥,稻田不会缺硫。硫素过多,在缺氧条件下很容易转化为 H_2S,对稻根有毒害。

镁 水稻茎叶含镁量(MgO)一般为 0.5%～1.2%,稻穗含镁量更少。其中以分蘖期的含镁量最大,以后随着生育进程而下降。镁在植株体内呈离子状态或与有机物结合。镁离子是多种酶的活化剂,所以镁对核酸和蛋白质的代谢都可起到一定的作用。镁是叶绿素的组成之一,缺镁则叶绿素就不能合成。缺镁时,根系发育不良,株高变矮,植株干重减轻,结实率降低,千粒重下降,产量显著下降。研究表明,孕穗期以前的供镁特别重要。

钙 水稻的含钙量(CaO)在一生中变化幅度不大,茎叶含钙量在 0.3%～0.7%之间,穗的含钙量随着谷粒成熟而从 0.3%下降到 0.1%。水稻从氯化钙等盐中吸收钙离子。植株体内的钙有的呈离子状态,有的呈盐形式,有的与有机物结合。钙主要存在于叶子或老的器官和组织中,它是一个比较不易流动的元素。钙是构成细胞壁的一种元素(植物体 60%的钙是集中在细胞壁部分),细胞壁的中层由果胶钙所组成,所以钙与细胞分裂有关。缺钙时,稻株略矮,上位叶的尖端变白,后转为黑褐色;叶子不能展开,生长点死亡;根系变短,全株干重降低,结实率下降。

(2) 微量元素的生理作用

铁 水稻从土壤中主要吸收氧化态的铁。稻体内铁的含量很低,比硼和锰都少。铁进入稻体内处于被固定状态,不易转移,故铁在稻株内以根最多,茎叶次之。在叶片中,老叶又比嫩叶多。铁是某些氧化酶(细胞色素氧化酶、过氧化物酶、过氧化氢酶等)的成分,故与呼吸作用有关系。叶中的铁大部分存在于叶绿体内,铁虽然不是叶绿素的成分,但铁很可能是叶绿素合成过程中的催化剂,如缺铁,嫩叶缺绿,但叶脉仍绿。在中性或碱性土壤中,铁大多以不溶解的盐分状态存在,不易被植物利用。酸性土壤不常发生缺铁现象,但在活性锰过多的土壤中,亦常有缺铁现象发生,因为锰抑制铁的吸收,并使 Fe^{2+} 氧化成 Fe^{3+},不能被植物利用,形成锰毒害引起缺绿病。

锰 锰是水稻体内含量较多的微量元素,水稻一生对锰的需要量是大麦、小麦的 10 倍以上。锰与植株氮代谢有关,是某些生物酶的活化剂。与铁相同，叶绿素中虽不含锰，但锰对叶绿素的形成有影响，因为叶绿体中锰含量较大，缺锰时叶绿素合成受阻。锰参加光系统Ⅱ（PSⅡ）的反应，因此稻株缺锰则光合强度显著受到抑制。稻株正常生长时，体内的铁和锰之间会保持营养平衡，当体内缺锰时，亚铁含量高，会引起铁毒害而产生缺绿现象；若体内锰含量高，亚铁浓度低，则会由于缺铁而产生缺绿现象。水稻缺锰时，植株矮小，分蘖少，叶短而狭，严重褪绿，嫩叶最为严重，根茎的干重显著下降，结实率低，千粒重小。

锌 锌是植物生长素合成不可缺少的元素，锌能催化叶绿素的光化反应，缺锌也会引起缺绿病。锌能促进水稻植株呼吸作用的进行，同时也能促进蛋白质和淀粉的合成。水稻允许含锌量的下限是占叶重的 15 mg/kg。缺锌时叶片淡绿褪色，嫩叶基部黄白，主脉褪色，植株矮，叶数少，老叶下垂，根茎干重降低，甚至不能结实。据报道，世界上不少水稻产区的稻田缺锌，我国云南、湖北、台湾、河北、吉林等省和福建沿海一带稻田均有缺锌现象。

硼 水稻对硼的需要量极少，据研究，每公顷稻株吸硼量只有 10.5 g。在稻株不同器官中，硼含量以茎叶较多，根较少。硼对氮代谢和吸收养分（特别是钙代谢）有促进作用，花粉形成和受精也需要硼。缺硼时，生长点细胞的分生过程受阻，花粉形成也不正常，不能受精，形成秕粒。

铜 铜是某些氧化酶（如多酚氧化酶、抗坏血酸氧化酶）的成分，所以它可以影响植物的氧化还原过程。稻株对铜需要量甚微，土培试验证明，稻株含铜量小于 25 mg/kg，可促进水稻生长，大于 100 mg/kg 则中毒，达到 500 mg/kg 则不能生长。缺铜时，水稻嫩叶初呈青绿色，后叶尖褪绿呈黄白色，正在出的叶子往往不能展开而呈针状，稻穗小，成熟迟。

钼 钼是硝酸盐还原所不可缺少的元素，因为钼是硝酸还原酶的金属成分，起着传递电子的作用。钼是固氮酶的组成成分，施用少量钼肥，不仅可供水稻吸收利用，而且还能促进水稻土中的自生固氮菌、固氮蓝藻和红萍中的鱼腥藻固定空气中的氮素，提高土壤肥力，有利水稻生长。稻株需钼量极微，稻株组织含钼量为 0.04 mg/kg 时，仍无缺钼症状，稻株组织含钼量最高界限是 2 mg/kg。缺钼时，稻株生长一开始与完全营养生长差不多，后来叶片会变黄绿色，少数叶子扭曲，老叶尖端褪绿，沿边缘向下扩展，最后叶片枯干而呈红棕色或淡棕色，收获时，秕粒多，谷粒小，产量下降。

氯 水培时，溶液中含氯 0.5% 以下时，稻株生长正常，如浓度超过 0.5%，则不能生长。溶液中氯含量越高，稻株组织的蛋白氮含量则下降，可溶性氮含量增多。缺氯时,稻株首先呈深绿色,后嫩叶的上中部出现白斑,叶弯曲,白斑蔓延,顶端生长受阻,最终导致减产。

2.2.2 水稻对矿质元素的吸收与转运

水稻只能吸收溶于水中的矿物质,主要由根部吸收,但是地上部分也有吸收作用。

(1) 水稻对氮的吸收和利用

水稻对铵态氮的吸收和利用 水稻根部从土壤水中吸收铵态氮后,就可以与根部呼吸过程形成的中间产物如丙酮酸、草酰乙酸和 α-酮戊二酸等酮酸结合,在各有关酶的作用下,分别形成丙氨酸、天门冬氨酸和谷氨酸等。当土壤中铵态氮含量较高,稻体吸收氨过多,体内糖分相对较少,来不及把氨转化为氨基酸或酰胺,稻体内就积累过多的游离氨(在正常情况下,稻体内游离氨很少),会造成细胞中毒。根对氨害比茎敏感,氨过多时根生长明显被抑制。氨如接触到叶面,轻则影响光合磷酸化过程,重则叶片枯黄死亡。有些化肥(如硫酸铵、氯化铵),施用后在土壤中呈 NH_4^+ 离子,被土壤胶体吸附,所以不致发生氨的毒害。但在石灰性或碱性土壤中,铵也会易于转变为氨气,施用过浓也能产生毒害。

水稻对硝态氮的吸收和利用 由于硝态氮是处于高度氧化状态,而氨基酸的氮呈高度还原状态,所以,一般认为,硝态氮要还原变成氨之后才能利用。水稻对铵态氮和硝态氮的吸收和利用与根部代谢,特别是呼吸作用有关。由于根部不同区域的含氧量不同,而细胞色素氧化酶和黄酶对氧的亲和力不同,在根部不同区域的分布就不同。在水稻生长过程中,根部末端氧化酶是在不断地改变着的。水稻生长初期,细胞色素氧化酶占优势,吸收铵态氮较多;随着生长进程,黄酶逐渐占优势,对硝态氮的吸收就增多。一般来讲,在营养生长期以施用铵态氮肥比较合适,对分蘖有良好的效果;在拔节期和生殖生长期,也可施用硝态氮肥,因为该时期分布在表层的根系已比较发达,可将硝态氮肥施在土壤氧化层,供水稻吸收利用。生产上,在同等氮用量的情况下,铵态氮比硝态氮对水稻增产作用更大。其原因,除了水稻本身营养生理特点外,还与硝态氮在土壤中的转化损失有关。土壤不能保存硝态氮,易于淋溶流失,如流到土壤还原层,还要引起反硝化作用,造成脱氮损失。一般情况下,这种损失可达 20%～50%,有时高达 70%。当然,在稻田中施用硝态氮肥,可改进施用方法,如分次深层施肥,即可以提高肥效。

水稻对尿素的吸收 尿素是由碳、氮、氧和氢组成的有机化合物,其化学式为$CO(NH_2)_2$,又称脲。尿素是一种高浓度、酰胺态氮肥,属中性速效肥料,在土壤中不残留任何有害物质,长期施用没有不良影响。尿素经过土壤中的脲酶作用,水解成碳酸铵或碳酸氢铵后,才能被作物吸收利用,因此,尿素要在作物的需肥期前4~8天施用;因为尿素转化成铵态氮后,容易分解释放出氨,造成氮素损失,因此宜深施;又因为尿素含氮量高,又常常含有缩二脲,当缩二脲含量超过2%,就会对种子和幼苗产生毒害作用,因此不宜做种肥;尿素分子体积小,容易被叶片吸收,是最适于叶面喷施的化肥,但喷施浓度不宜过高,否则容易烧苗。尿素用于水田追肥时,应保持浅水层,施用后2~3天内不灌水。

水稻对其他有机氮化合物的吸收 水稻不但能吸收利用铵态氮、硝态氮,还能直接吸收利用各种氨基酸和酰胺。动物的尿液含有各种氨基酸;绿肥和厩肥在土壤中分解也能产生各种氨基酸;红萍和固态蓝藻在生长期间就能分泌各种氨基酸。因此,农家肥不仅供给水稻一些无机氮肥,而且也能提供一些有机含氮化合物。

(2) 水稻对各种形态磷的吸收和利用

水稻可以吸收各种无机态磷和有机态磷,土壤中有机态磷在微生物的作用下,可以转化为无机态磷,而无机态磷经微生物的吸收利用,也可转化为有机态磷,它们在土壤中呈动态平衡。

无机磷的吸收和利用 在无机磷化合物中,主要吸收形态是正磷酸盐和偏磷酸盐。由于水稻吸磷是以主动吸收为主,呼吸释放的能量可供水稻吸收土壤中的有效磷,并在根内进行氧化磷酸化,所以磷进入根部后首先形成ATP(三磷酸腺苷)。ATP就进一步参与根中各种代谢作用,如蛋白质、核酸、糖等的合成过程。

有机磷的吸收和利用 水稻不仅吸收、利用无机磷,也能吸收和利用有机磷化合物。一般情况下,土壤中的有机磷只有经过磷酸酶水解后才能被水稻吸收利用。

(3) 根部吸收矿质元素的过程

根部对矿质元素的吸收 根部是水稻吸收矿质元素的主要器官,根部吸收矿质元素的能力，由根系生长情况而定。一般来讲，根系吸收养分的能力按照下列顺序：白根、黄褐根、黑根。因为白根是嫩根，呼吸代谢旺盛，吸收能力最强；黑根受损害，代谢微弱，吸收离子的能力差；黄褐根则居两者之间。以一条生长着的稻根来说，根毛区以上部分的根毛和表皮脱落，外皮木栓化，所以吸水吸肥都比较困难；在根尖部分，则以形成区和伸长区吸收养分最旺盛，其后渐减；而根毛区是吸收水分最旺盛的部分，其后也逐渐减弱（见图2.1）。

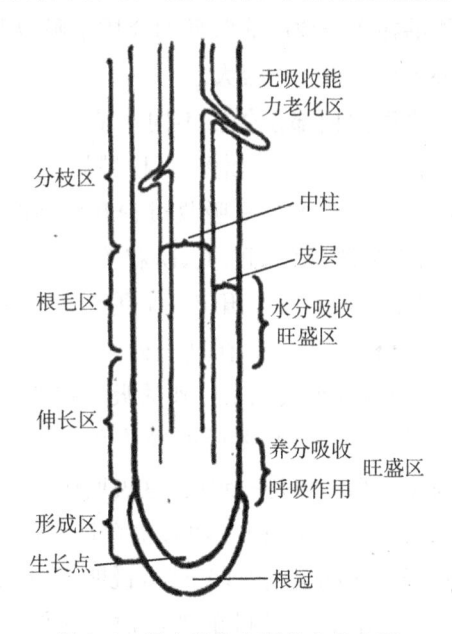

图 2.1　根尖吸收水肥能力示意图

根部吸收矿物质的机理可分两个方面：第一，非代谢性的吸收（又称被动吸收）。这种吸收不需要能量，与代谢没有直接关系。交换吸附是非代谢性吸收的主要途径。根部细胞的原生质表层有阴阳离子，其中主要是 H^+ 和 HCO_3^-，这些离子主要是由呼吸放出的 CO_2 和 H_2O 生成的 H_2CO_3 所离解出来的。H^+ 和 HCO_3^- 便迅速地分别与外界溶液的阳离子和阴离子进行交换吸附，盐分离子即吸附在原生质表层，同理，吸附在原生质表层的离子同样通过交换吸附继续转移到原生质里面。第二，代谢性的吸附（又称主动吸附）。这种吸收需要供给能量才能进行，而能量是呼吸释放出来的。大量研究资料表明，当根部呼吸加强时，离子吸收就快；呼吸减慢时，离子吸收缓慢或停顿。主动吸附的机理可利用离子载体学和离子泵原理来解释。离子载体是指原生质中一些不扩散的大分子有机物，可能是结构蛋白质、肽、氨基酸、核糖核酸、磷脂、细胞色素、糖磷脂等。离子载体和离子形成暂时的、不稳定的复合物，以后又把离子释放出来。离子载体可分为阳离子载体和阴离子载体两种。当离子进入原生质表层后，阳离子载体和阴离子载体便立即分别与阳离子和阴离子形成复合物，进一步把离子运送到细胞内部。在这些过程中，离子和离子载体的结合、离子载体复合物移动等都需要能量。离子泵是存在于细胞膜上的蛋白质，它在有能量供应时可使离子在细胞膜上逆电化学势梯度主动吸收。离子泵能够在离子浓度非常低的介质中吸收和富集离子，致使细胞内离子的浓度与外界环境中相差很大。

影响根部吸收矿物质的内部条件 不同水稻品种对养分的需求是不同的。一般来讲，粳稻需要的养分比籼稻多，多穗型品种比大穗型多，分蘖力强的品种比分蘖力弱的多。根据各元素吸收过程和成熟时茎叶和穗的养分运转状况，可将养分分为三个群：第一群，氮、磷和硫。这几种元素的吸收迅速，开花期达最大值，成熟期吸收很少。开花后，原贮藏于茎叶的氮、磷、硫开始运到穗子，到完熟期达全株的70%。在这三种元素中，氮和硫的吸收过程很相似，因为这两者是蛋白质的组成元素。磷的吸收在幼穗形成期以前比较缓慢，幼穗形成期到开花期吸收迅速，茎叶的磷从开花期至乳熟期不断流向穗部。磷的运输与籽粒中淀粉积累是一致的，这说明碳水化合物代谢与磷之间具有密切关系。第二群，钾和钙。两者随着生育进程而不断被吸收，直到乳熟期。茎叶的钾含量从开花期至乳熟期下降，说明该时期茎叶的钾转运到穗部，而后茎叶的钾含量又增，说明茎叶的钾运输到穗部又受到限制了。第三群，镁。幼穗形成期至抽穗期吸收迅速，抽穗期吸镁达全生育期吸收量的90%左右，以后则继续吸收。该元素的特征是：抽穗期和完熟期的穗部含镁量分别占全株含镁量的23%和47%，这表明镁对幼穗的发育具有一定的作用。

影响根部吸收矿物质的外部条件 在一定范围内，根部吸收矿质元素随土壤温度的增加而加快，这是由于温度影响了根部的呼吸强度，也即影响代谢吸收。但温度过高，吸收速度即下降，可能是高温使酶钝化，影响根部代谢；高温使细胞透性增大盐类被动外流，所以根部纯吸收盐类的数量减少。温度过低时，吸收也减少，因为在低温下，根部代谢弱，代谢性吸收就差；细胞质黏性也增大，离子进入比较困难。水稻生长最适水温是28～32℃，超过或低于这个范围，都将妨碍水稻对无机盐的吸收，其中以对硅酸、钾、磷、氮的吸收影响最大。

土壤通气状况对根部吸收矿物质有直接的影响。氧气不足时,稻根吸收盐分就少,特别是磷、钾、硅、氨等。冷浸田和烂泥田等低产水稻田的共同特点是地下水位高,土壤通气不良,影响根系吸水、吸肥,而且由于强还原状态,便产生一系列还原物质(H_2S、CH_4、Fe^{2+}等),妨碍根部呼吸和吸收离子,甚至使稻根发黑而死。所以这些低产田应设法降低地下水位而使土壤通气状况有所改善。同样道理,一般水稻田也不宜长期淹水,以免土壤缺氧,应适当排水晒田。

（4）矿质元素在稻体内的转运和分布

根部吸收矿物质后,有一部分矿物质留存在根内,参加根部的代谢,但大部分矿物质运输到其他部分。根部吸收的无机氮化合物,大部分在根内转变为有机氮化物(如天门冬氨酸、天门冬酰胺等),然后才向上运输。磷也是在根部转变为有机磷化物(如磷酰氯、甘油磷酰胆碱等)后才向上转运。硫的运输形式是硫酸根。金属阳离子则以离子状态运输。当这些物质进入导管后就随着蒸腾流一起上升。

某些元素进入地上部分后仍呈离子状态（钾）,有些形成不稳定化合物,不断分解,释放出离子（氮、磷、硫、镁）,又转到其他需要的器官去,这些元素便是参与循环的元素。另外一些元素（钙、铁、锰、硼、硅酸）在细胞中呈难溶解的稳定化合物,特别是钙、镁、锰,所以它们不能参与循环。从同一物质在体内是否被反复利用的角度来看,有些元素在体内被多次利用,有些只利用一次。参与循环的元素都能被利用,不参与循环的元素不能再利用。在再利用的元素中以磷、氮最典型,在不再利用的元素中以钙最典型。

由于各元素的循环再利用情况不同,所以稻株缺乏某一元素时,病征最早发生的部位就不同。如磷、氮等大多分布在水稻生长点、嫩叶等代谢较旺盛的部分,故缺磷、氮病征一定是老叶先表现;而较不参与循环的元素如钙等,缺乏时病征首先出现在嫩叶。

不同元素在水稻不同生育期的分布是不一样的。氮多分布在叶片,也有一部分分布在叶鞘,随着抽穗和成熟,便有大部分运到穗部。磷在生育初期和中期分布在叶鞘比叶片多,随着成熟,大部分运到籽粒,在收获时,籽粒含量最多,茎次之,叶鞘和叶片最少。钾在各生育期的含量都是叶鞘多于叶片,在成熟期,转运到穗部较少,而在茎秆中却积累一半左右。钙在叶片分布较叶鞘多,整个生育期绝大多数存在叶子中,很少运到穗部。镁的含量在叶片和叶鞘大致相等，出穗后，大量运到穗部。硅酸分布在叶片和叶鞘大致相同。

2.2.3 水稻的需肥规律

水稻正常生长发育虽然需要各种必要元素，但是一般作为肥料施用的主要是氮、磷、钾三要素。水稻对三要素的需要量是不同的，不同生育期对三要素吸收和积累也不一样，甚至不同器官在不同时期的养分积累也有所变化。

(1) 水稻全株对氮、磷、钾的吸收量

稻谷的氮和磷含率比稻草高得多，可是稻谷的钾含率则显著比稻草地要低。如亩产稻谷和稻草各 500 kg 时，三要素的吸收总量：氮素为 7.5～11.5 kg，磷酸为 4.5～6 kg，氧化钾为 9～19 kg。氮、磷、钾的比例大约是 1.5～2.0：1.0：2.0～3.0。一般来讲，高产的稻草含氮量比低产的高，粳稻养分吸收量比籼稻大。

(2) 水稻不同生育期对氮、磷、钾的吸收量

水稻体内养分元素的变化是有一定规律的，一般是随着生长的进展，氮、磷、钾的含率降低。但对于不同营养元素、不同施肥水平，情况并不完全一样。

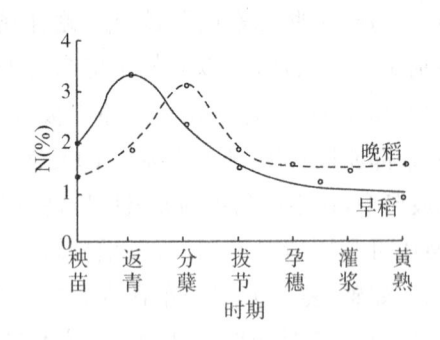

图 2.2 早稻和晚稻氮素含量的动态变化

在氮素方面，早稻和中稻的含氮率一般在返青期最高，以后就逐渐下降，其中以返青到拔节期下降最快，拔节以后渐渐平稳；晚稻含氮率高峰在分蘖期，比早稻迟一点。见图 2.2。

在磷素方面，水稻整个生育期内磷素含率的变化幅度小，一般在 0.4%～1.0%的范围之内，晚稻含量普遍比早稻高。无论是早、中、晚稻，其含量的最大值都是在拔节时期，以后就逐渐下降。见图 2.3。

在钾素方面,早稻含钾量比晚稻高,早稻含钾量的变化幅度也比晚稻大一些。在不同生育期内,返青至拔节期逐渐上升,分蘖盛期到拔节期达到最高峰,以后就下降,晚稻平稳一些,早稻下降剧烈一些。见图2.4。

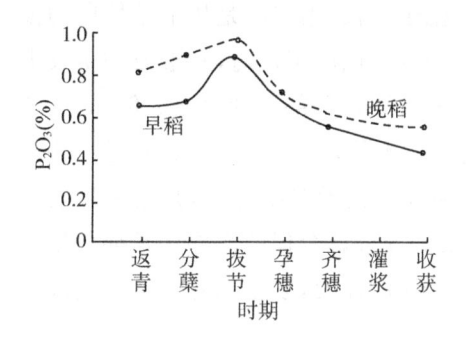

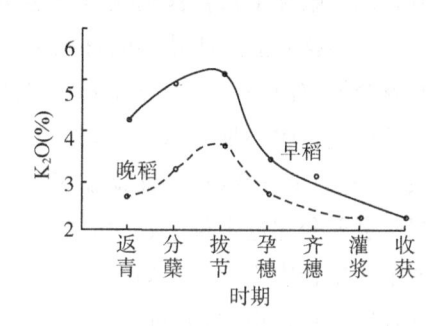

图 2.3　早稻和晚稻磷素含量的动态变化　　图 2.4　早稻和晚稻钾素含量的动态变化

水稻各个生育期营养元素的相对含量变化,并不能反映水稻各个时期吸收养分的多少,因为稻株各生育期的干物质积累情况并不相同。为了掌握水稻需肥的实际情况,还要了解这些元素的累积情况,也就是稻株实际吸收的养分含量。

前人研究表明,氮、磷、钾在抽穗期已积累九成以上,尤其是氮。无论哪一种营养元素,在返青期至分蘖期都累积得比较快,占25%～35%,以后各期各元素累积情况各有差异:氮素在拔节期至孕穗期累积很快,而磷素在孕穗期至抽穗期才累积最多,钾素则以分蘖期至孕穗期累积最快。在抽穗以后,三种要素的吸收累积显著减弱,特别是氮素,吸收量极少。因此,对于生长期较短的早稻来说,要施足基肥,重施分蘖肥。

提高施肥水平,水稻体内营养元素的积累也会发生一些差异。南京土壤研究所试验表明,在相同磷钾水平的基础上,提高氮肥水平,稻体内氮素累积显著提高,在分蘖盛期到拔节期累积最强烈,磷钾累积数量也有不同程度的提高。在相同氮水平基础上,增施磷钾肥,也可以加强稻株对氮素的吸收累积。由此可知,生产上不要偏施某一种肥料,要氮磷钾肥适当配合,以调节营养元素间的平衡吸收。

(3) 水稻各生育期施肥效果

水稻在不同生育期都有明显的生长中心,还有次要的生长部分。生长中心的生长较旺盛,代谢强,养分元素一般优先分配到生长中心,所以生长中心也通常是矿质营养的分配中心(输入中心)。研究认为,营养元素在稻体内并不是平均分配于各生长部分,而是主要集中在生长中心部分,随生长中心转移而转移。在水稻个体发育过程中,有两次明显的生长中心转移,第一次是分蘖期的腋芽生长转移到拔节孕穗期的穗子生长,第二次是拔节孕穗期的穗子生长转移到灌浆成熟期的籽粒生长。当养分供应不足时,新形成的生长中心就会抽取前一生长中心尚未转移部分或次要生长部分的养分。例如,拔节孕穗期生长中心是幼穗生长,如该时期养分不足,就会从分蘖处取得一些多余养分,减少分蘖数,保证幼穗发育;如果分蘖也无多余养分,则穗子生长受阻。当养分超过生长中心的需要时,多余的养分就会促使次要生长部分生长或前一生长中心延续。如肥料超过幼穗分化的需要,多余的养分就会使最后几片叶子长得很大,节间延长。

分蘖期施肥 分蘖期是以产生分蘖与叶片、奠定穗数并为壮秆大穗打基础的阶段。这个时期的基本要求是促使营养体适当发展,达到足够的分蘖数。分蘖期的生长中心是腋芽,次要的生长部分是主茎的新生叶和根。该期是稻体一生中含氮率最高的时期,也是叶片含氮率最高的时期。要及时看苗追肥,促进早分蘖,形成有效分蘖,特别是生育期短的早熟品种,更要及早追肥。追肥太迟,分蘖发生迟,有效蘖少,无效蘖多,对后期甚为不利。因为分蘖末期所长出的两片叶(一般为倒数第四、第三叶),是一株中最长最大的叶片。施肥迟,肥效就会集中供应到这两叶的生长上,造成陡长,只有坏处没有好处。所以够苗后一般不施肥,最好露田、晒田,使叶色褪淡。这不但对调节氮碳代谢(叶片含氮量降低,叶鞘可溶性糖含量高)特性和器官协调生长(叶片长得慢,叶鞘发达,干重大)有明显的作用,同时对防止叶稻瘟病也有良好的效果。分蘖期施肥要适宜,使分蘖快,禾苗稳生稳长。如施肥不足,叶色淡,分蘖慢而少,达不到应有分蘖数。如前期施肥过多,特别是氮肥过多,叶色深,叶片过旺,分蘖过多,将不利于以后的群体质量提高。分蘖初期要使叶色青秀,叶片软一些宽一些,分蘖出生有力;分蘖末期叶色要褪至淡绿,叶片竖挺。

拔节孕穗期施肥 拔节孕穗期是水稻一生建成新生器官,特别是生殖器官最快的时期,该时期基本要求是促进新生器官的增长,又要控制生长稳定,保证群体光照良好,培育大穗。水稻拔节孕穗期的生长中心是穗子的分化发育和形成,次要的生长部分是最后三片叶子的生长、节间伸长和根生长。在这一个月左右的时间内,稻株吸收累积的氮、磷和钾约占一生总量的一半,由此可见，水稻中期吸肥很多。大量报道也证实穗肥（即拔节孕穗期或中期肥）能增产，施用穗肥是一种少肥多收的施肥途径。拔节孕穗期施肥量宜少，促中求稳，以速效肥为主。施肥不足，有效分蘖少，穗子小；施肥过多，特别是氮肥过多，则无效分蘖多，最后三片叶子过长，基部节间延长，空瘪粒多。

抽穗开花期施肥　抽穗开花期的生长中心是籽粒形成，次要生长部分是最后几片叶子的生长和根生长。该时期穗数和每穗颖花数虽已有定数，但实粒数还在变动之中，千粒重正在形成，所以本时期的基本要求是提高结实率，增加粒重。前面提到，抽穗开花期对养分元素的吸收累计数量很少，其中磷钾稍微多一点，氮吸收最少。这三种营养元素在该期累积虽然不多，但后期施用这些肥还是有增产效果的。抽穗开花期追施氮肥，能增加叶片含氮量，剑叶色深，最后三片叶的光合强度增强，积累光合产物较多，干物重因之增大。此外，根系活力增加，根部吸收增强，因此千粒重也增加，产量提高。

水稻抽穗开花期，不同器官的无机营养和有机营养物质主要向穗部运输，但当器官氮水平过高时，能运出的物质就相对少一点，也就是当时生长旺盛的器官（生长中心）和其他器官的物质分配上存在矛盾。前人研究表明，抽穗开花期施用氮肥过多，稻体内氮素水平高，相应地消耗了碳水化合物，水稻贪青，灌浆速度慢，籽粒充实度差。相反，如施肥不足，则易早衰，光合作用差，稻体内碳水化合物水平低，同样不利灌浆，千粒重也低。

磷对同化物的运输是有促进效果的，抽穗后根外喷施磷肥，能促进碳水化合物从叶及茎秆运到穗部，促进叶色褪淡、籽粒充实，对于高产田、贪青田更是显著。

钾在稻体内有促进碳水化合物形成与运转的重要作用。应用这个原理，抽穗开花期施用钾肥得到良好效果。由于磷和钾对碳水化合物的运转都有促进作用，而且钾又有利于蛋白质合成，因此钾处理后穗部和叶片的淀粉和蛋白质积累较多，而可溶性糖和非蛋白质氮则较少，这些都有利于籽粒成熟，所以，抽穗开花期也可适施钾肥。

由上可知，不同时期施肥都会影响产量构成因素的数量及质量。某项因素的增加，可能导致另一项因素的减少；相反，某项因素不足时，另一项因素又会增加。正确的施肥技术应该是以最少肥料获得最高产量来衡量。施肥增产最有效的问题，应该理解为看天、看田、看禾苗，瞻前顾后看现状，辩证地、正确地选择施肥期及施肥量的合理运筹问题。表 2.1 是水稻不同时期施用氮肥对各项产量构成因素的影响，可供参考。

表 2.1　不同时期施用氮肥对各项产量构成因素的影响

产量构成因素	基肥	分蘖盛期	穗轴分化期	颖花分化期	减数分裂期稍前	抽穗稍后
穗数		＊＊＊	＊＊		×o	×o
每穗颖花数	××oo	×o	＊＊＊	＊＊	＊＊	××oo
每棵颖花数	××oo		＊＊＊	＊＊	＊	××oo
结实率	＊＊＊	＊	××oo	×o		＊＊＊
千粒重			××oo		＊＊＊	

注：＊＊＊表示增长最显著；＊＊表示增长显著；＊表示稍有增长；×o表示起不良作用或不起作用；××oo表示起最不良作用或完全无效。

本章参考文献

［1］张明炷，黎庆淮，石秀兰. 土壤学与农作学. 第 3 版［M］. 北京：中国水利水电出版社，1994.

［2］彭世彰，俞双恩，杜秀文. 水稻节水灌溉技术［M］. 郑州：黄河水利出版社，2012.

［3］许大全. 光合作用气孔限制分析中的一些问题［J］. 植物生理学通讯，1997(4)：241-244.

［4］关义新，戴俊英，林艳. 水分胁迫下植物叶片光合的气孔和非气孔限制［J］. 植物生理学通讯，1995(4)：293-297.

［5］高冠龙，冯起，张小由，等. 植物叶片光合作用的气孔与非气孔限制研究综述［J］. 干旱区研究，2018，35(04)：929-937.

［6］匡廷云. 作物光能利用效率与调控［M］. 济南：山东科学技术出版社，2004.

［7］丁继辉，俞双恩，于智恒，等. 农田水位调控下水稻净光合速率日变化规律试验研究［J］. 河海大学学报(自然科学版)，2011，39(01)：104-108.

［8］胡继超，姜东，曹卫星，等. 短期干旱对水稻叶水势、光合作用及干物质分配的影响［J］. 应用生态学报，2004(1)：63-67.

［9］Medrano H, Escalona J M, Bota J, et al. Regulation of photosynthesis of C3 plants in response to progressive drought: stomatal conductance as a reference parameter[J]. Annals of Botany, 2002, 89(7): 895-905.

［10］利容千，王建波. 植物逆境细胞及生理学［M］. 武汉：武汉大学出版社，2002.

[11] 张明炷,李远华,崔远来,等. 非充分灌溉条件下水稻生长发育及生理机制研究[J]. 灌溉排水,1994(4):6-10.

[12] 周广生,靳德明,梅方竹. 水稻孕穗期干旱对籽粒性状的影响[J]. 华中农业大学学报,2003(3):219-222.

[13] 姜心禄,郑家国,袁勇. 水稻本田期不同生育阶段受旱对产量的影响[J]. 西南农业学报,2004(4):435-438.

[14] 丁友苗,黄文江,王纪华,等. 水稻旱作对产量和产量构成因素的影响[J]. 干旱地区农业研究,2002(4):50-54.

[15] 郭相平,张烈君,王琴,等. 作物水分胁迫补偿效应研究进展[J]. 河海大学学报(自然科学版),2005(6):32-35.

[16] Meng Y, Yu S, Yu Y, et al. Flooding depth and duration concomitantly influence the growth traits and yield of rice[J]. Irrigation and Drainage, 2022, 71(1):94-107.

[17] Shao G, Cui J, Yu S, et al. Impacts of controlled irrigation and drainage on the yield and physiological attributes of rice[J]. Agricultural Water Management, 2015, 149:156-165.

[18] 俞双恩,刘子鑫,高世凯,等. 旱涝交替胁迫对水稻荧光参数与光合特性的影响[J]. 农业机械学报,2019,50(12):304-312.

[19] 李林,高根兴,凌炳镛,等. 水稻雨涝灾害及其对策的初步研究[J]. 中国农业气象,1996(02):1-5+21.

[20] 周建林,周广洽,陈良碧. 洪涝对水稻的危害及其抗灾减灾的栽培措施[J]. 自然灾害学报,2001(1):103-106.

[21] 彭克勤,夏石头,李阳生. 涝害对早中稻生理特性及产量的影响[J]. 湖南农业大学学报(自然科学版),2001(3):173-176.

[22] 张伟杨. 水分和氮素对水稻颖花发育与籽粒灌浆的调控机制[D]. 扬州大学,2018.

[23] 朱海霞,姜丽霞,吕佳佳,等. 淹水胁迫对寒地水稻产量构成因子的作用[J]. 自然灾害学报,2019,28(5):198-206.

[24] 邵长秀,潘学标,李家文,等. 不同生育阶段洪涝淹没时长对水稻生长发育及产量构成的影响[J]. 农业工程学报,2019,35(03):125-133.

[25] 李华伟. 遮光和渍水对小麦产量和品质的影响及其生理机制[D]. 南京农业大学,2011.

[26] 黄璜. 稻田抗洪抗旱的功能Ⅱ:深灌对早稻光合作用的影响[J]. 湖南农业大学学报, 1998(6): 4-8.

[27] 张彩霞, 符冠富, 奉保华, 等. 水稻同化物转运及其对逆境胁迫响应的机理[J]. 中国农业气象, 2018, 39(2): 73-83.

[28] 贾贝, 俞双恩, 叶兴成. 地下水埋深对水稻净光合速率的影响及动态模拟研究[J]. 灌溉排水学报, 2015, 34(04): 24-27.

[29] 俞双恩, 郭杰, 陈军, 等. 探索涝渍连续抑制天数指标作为水稻排水标准的试验[J]. 水科学进展, 2014, 25(02): 282-287.

[30] Huang J, Wu F, Hu T, et al. Interactive effects of drought-flood abrupt alternation on morpho-agronomic and nutrient use traits in rice[J]. Agronomy, 2021, 11(11): 2103.

[31] Cao X, Zhong C, Sajid H, et al. Effects of watering regime and nitrogen application rate on the photosynthetic parameters, physiological characteristics, and agronomic traits of rice[J]. Acta Physiologies Plantarum, 2017, 39(6): 135.

[32] Sharma V, Irmak S. Comparative analyses of variable and fixed rate irrigation and nitrogen management for maize in different soil types: Part I. Impact on soil-water dynamics and crop evapotranspiration[J]. Agricultural Water Management, 2021, 245: 106644.

[33] 潘瑞炽. 水稻生理[M]. 北京:科学出版社, 1979.

第三章

旱涝交替胁迫对水稻群体及生理的影响

水稻生长除受遗传因子影响外,也受生长环境因子的影响。已有研究表明,水稻生长依赖于根部水土环境以及冠层大气环境,各环境因子协同作用,对水稻的能量传输、物质交换及生理调节等过程产生影响。水分因子在各环境因子中起主导作用,水稻各项生理生态指标容易受水分影响,水分胁迫会导致其发生一定的变化。干旱(缺水)胁迫会使叶片气孔关闭,导致光合产物输出减慢,引起水稻干物质积累下降,致使产量降低;涝渍(奢水)胁迫会导致土壤通气状况不良,造成水稻根系活力下降,引起茎节和胚芽鞘增长迅速加快,根长变短根茎变细,叶片黄化枯萎,间接影响光合作用,甚至导致植株倒伏或死亡。

为了研究旱涝交替胁迫水稻群体质量和生理变化规律,2015—2017 年课题组在蒸渗测坑内进行了水稻全生育期旱涝交替胁迫栽培试验,通过实验观测数据分析旱涝交替胁迫水稻生理生长响应机制。测坑试验处理见表3.1。

表 3.1　2015—2017 年旱涝交替胁迫处理水位控制标准

控水模式	处理号	分蘖期/cm	拔节孕穗期/cm	抽穗开花期/cm	乳熟期/cm
先旱后涝 (HZL)	HZL-1	**−50～15**	−30～3	−20～3	−30～3
	HZL-2	−20～3	**−50～25**	−20～3	−30～3
	HZL-3	−20～3	−30～3	**−50～25**	−30～3
	HZL-4	−20～3	−30～3	−20～3	**−50～25**
	HZL-5	**−50～15**	**−50～25**	−20～3	−30～3
	HZL-6	−20～3	**−50～25**	**−50～25**	−30～3
	HZL-7	−20～3	−30～3	**−50～25**	**−50～25**

续表

控水模式	处理号	分蘖期/cm	拔节孕穗期/cm	抽穗开花期/cm	乳熟期/cm
先涝后旱 （LZH）	LZH-1	**15～-50**	-30～3	-20～3	-30～3
	LZH-2	-20～3	**25～-50**	-20～3	-30～3
	LZH-3	-20～3	-30～3	**25～-50**	-30～3
	LZH-4	-20～3	-30～3	-20～3	**25～-50**
	LZH-5	**15～-50**	**25～-50**	-20～3	-30～3
	LZH-6	-20～3	**25～-50**	**25～-50**	-30～3
	LZH-7	-20～3	-30～3	**25～-50**	**25～-50**
对照	CK	-20～3	-30～3	-30～3	-30～3

注：1. 各处理粗体数字对应的为控水生育期，正值为受涝上限，负值为受旱下限；2. 各处理未加粗数字对应的为正常灌排生育期，正值为灌水适宜上限，负值为灌水下限。

3.1 旱涝交替胁迫对水稻群体质量的影响

3.1.1 水稻叶龄变化规律

水稻是一种节律性生长型作物，它每生出一片叶，生长节位就上升一个，同时也有规律地形成相应的器官。稻叶是水稻主要的光合器官，是各部器官形成、生长、发育的有机养分供给者，是产量形成的重要物质基础。水稻叶片的生长除了与作物的遗传特性有关，还与水稻生长的水肥状况有关。在施肥相同的情况下，旱、涝胁迫均会对稻叶的生长产生影响，最终影响水稻产量。

移栽后的水稻叶龄增长主要在分蘖期和拔节孕穗期，拔节孕穗期之后，水稻的叶龄不再增长。由图3.1可知，各处理总叶龄随生育期进行呈现上升趋势。分蘖期和拔节孕穗期旱涝交替胁迫后水稻总叶龄小于对照，但差别不显著（$P<0.05$），总体上分蘖期旱涝胁迫会降低出叶速度，但影响不显著。

3.1.2 水稻茎蘖特征分析与模拟

水稻茎蘖消长对单位面积有效穗数产生直接影响，并最终影响到产量。水稻茎蘖生长主要发生在分蘖期，到拔节孕穗期，主茎秆、穗和叶的迅速增长需要消耗大量营养物质，这时不足三叶的分蘖便因营养短缺而停止生长，最后逐渐消亡，成为无效分蘖。因此，水稻群体茎蘖动态变化是由茎蘖发生和消亡共同组成。

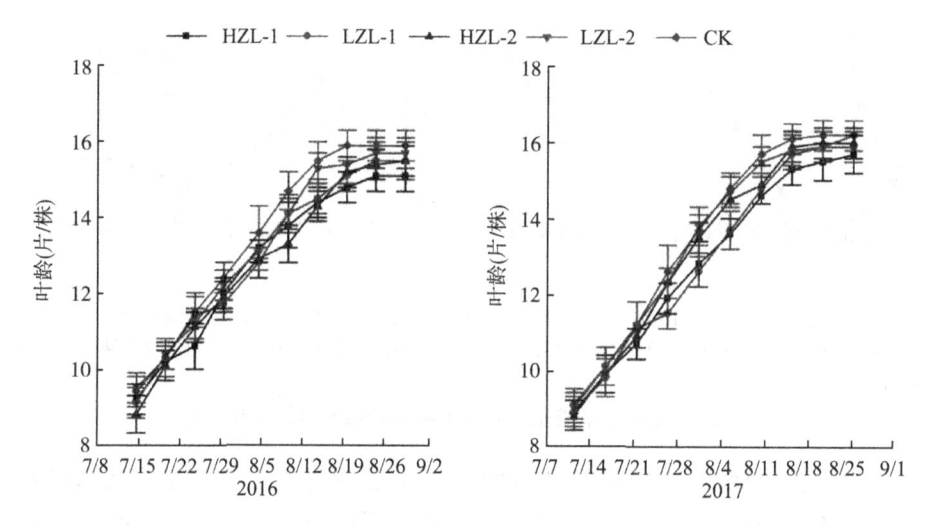

注：2016年、2017年HZL-1处理旱涝急转日分别为7月24日和7月21日，旱涝交替胁迫结束日分别为7月29日和7月26日；LZH-1处理涝结束日分别为7月19日和7月22日，旱涝交替胁迫结束日均为7月27日。2016年、2017年HZL-2处理旱涝急转日分别为8月11日和8月7日，旱涝交替胁迫结束日分别为8月16日和8月12日；LZH-2处理涝结束日期分别为8月11日和8月9日，旱涝交替胁迫结束日期均为8月15日。

图3.1　水稻叶龄动态变化

（1）水稻茎蘖动态变化及特征分析

分蘖期水稻茎蘖数及其日增长量动态变化见图3.2。旱涝交替胁迫水稻茎蘖数量明显小于对照，各处理茎蘖数量达到峰值时间（2016年7月31日前后，2017年8月6日前后）相差不大。从茎蘖日增长量可以看出，旱涝交替胁迫处理茎蘖日增长量小于对照，且后期茎蘖日消亡量也小于对照。前期旱、涝胁迫期间水稻茎蘖日增长量显著（$P<0.05$）小于对照处理，且涝胁迫比旱胁迫对水稻茎蘖日增长量的影响更加明显。由旱转涝后，水稻日增长量下降速度加快，说明分蘖期水稻先旱后涝胁迫对茎蘖增长的抑制产生了叠加效应。

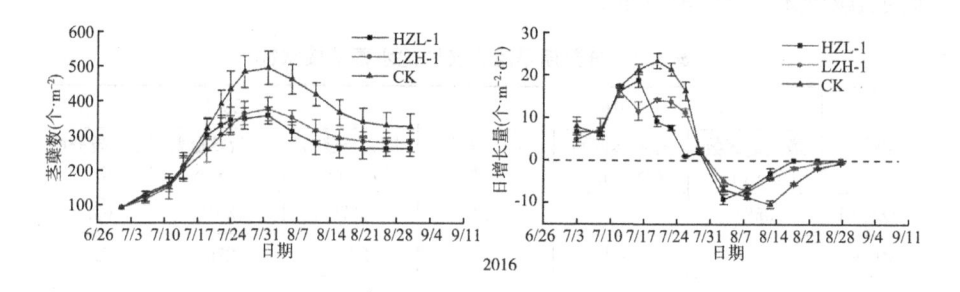

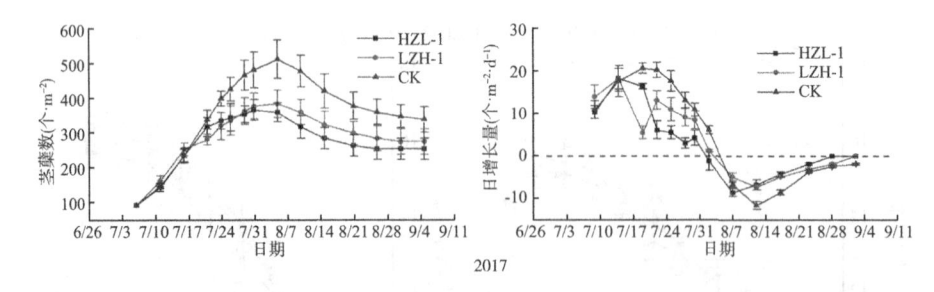

注：2016年、2017年HZL-1处理旱涝急转日分别为7月24日和7月21日，旱涝交替胁迫结束日分别为7月29日和7月26日；LZH-1处理涝结束日分别为7月19日和7月22日，旱涝交替胁迫结束日均为7月27日。

图3.2　分蘖期旱涝交替胁迫水稻茎蘖数及日增长量变化

茎蘖的成穗率是水稻群体质量的重要标志，茎蘖特征与产量及其构成因素之间存在密切关系。茎蘖数稳定与成穗率高的合理群体有益于改善水稻群体质量、冠层结构以及中后期群体光照环境，增强抽穗后群体光合效率，对产量的形成产生积极的影响。分蘖期旱涝交替胁迫水稻茎蘖特征见表3.2。与对照相比，分蘖期HZL-1和LZH-1处理最大茎蘖数在2016年分别显著减少27.8%和24.2%，2017年分别显著减少28.6%和24.9%；有效茎蘖数在2016年分别显著减少19.6%和13.8%，2017年分别显著减少25.3%和19.1%。分蘖期HZL-1和LZH-1处理有效分蘖率与对照相比，在2016年分别增加11.4%和13.8%，达到显著水平（$P<0.05$），2017年分别增加4.6%和7.7%。此外，LZH-1处理最大茎蘖数、有效茎蘖数和有效分蘖率略大于HZL-1处理，说明先旱后涝胁迫对抑制分蘖的影响更大一些。上述结果表明，分蘖期旱涝交替胁迫具有抑制分蘖的发生、提高有效分蘖率的功能，因此在水稻有效分蘖期不宜过旱或过涝，否则会导致有效穗数不足，造成减产。为了达到理想的高产群体，在有效分蘖期尽量避免较重的旱、涝胁迫，当茎蘖数达到理想的最高茎蘖数时应及时进行旱涝交替胁迫，最好是进行先旱后涝胁迫，减少无效分蘖的发生。

表3.2　分蘖期旱涝交替胁迫水稻茎蘖特征

处理	2016 最大茎蘖数 /个·m⁻²	2016 有效茎蘖数 /个·m⁻²	2016 有效分蘖率/%	2017 最大茎蘖数 /个·m⁻²	2017 有效茎蘖数 /个·m⁻²	2017 有效分蘖率/%
HZL-1	358[b]	263[b]	73.5[a]	367[b]	254[b]	69.2[a]
LZH-1	376[b]	282[b]	75.0[a]	386[b]	275[b]	71.2[a]

续表

处理	2016 最大茎蘖数/个·m^{-2}	2016 有效茎蘖数/个·m^{-2}	2016 有效分蘖率/%	2017 最大茎蘖数/个·m^{-2}	2017 有效茎蘖数/个·m^{-2}	2017 有效分蘖率/%
CK	496[a]	327[a]	65.9[b]	514[a]	340[a]	66.1[a]

注：相同年份同一列 a、b 表示显著性差异（$P<0.05$）。试验品种为南粳 9108，理想高产穗数为 318 穗/m^2。

（2）水稻茎蘖消长模型

作物群体茎蘖的动态变化是许多生态环境因素综合作用的结果，水稻茎蘖消长模型主要是根据积温、叶龄以及时间变化而构建。已有的研究表明，以叶龄或生态环境因子作自变量具有一定的局限性，而以时间代替综合环境因素作为自变量更为适合。在前人所构建的水稻群体茎蘖生长随时间变化的许多模型中，王夫玉和黄丕生在水稻群体茎蘖消长的常规曲线基础上，通过微积分理论推导出的水稻群体茎蘖消长的基本动力学模型（DMOR）具有代表性，该模型能较好地模拟茎蘖消长全过程，模型参数具有确切的生物学含义。模型表达式为：

$$N = \frac{A}{1+d_1 \times e^{-f_1 \times t}} - \frac{B}{1+d_2 \times e^{-f_2 \times t}} + C \tag{3-1}$$

式中：N—移栽 t 天后水稻群体茎蘖数，个·m^{-2}；t—移栽天数，d；A—水稻群体分蘖数最大值，t·m^{-2}；B—水稻群体必定消亡的最大分蘖数，t·m^{-2}；C—基参数，即不随时间变化的初始茎蘖数，t·m^{-2}；d_1、d_2、f_1、f_2—控制变量，其中 f_1、f_2 分别表示趋近最大值的增长率与消亡率。

分蘖期旱涝交替胁迫水稻茎蘖消长基本动力学模型模拟效果及参数见图 3.3 和表 3.3。从模型模拟结果可以看出，各处理茎蘖数模拟值与实测值之间的变化规律契合度很好。模拟值和实测值两者之间的 RMSE 在 15（个·m^{-2}）之内，NRMSE 均小于 5%，而相关系数 r 均在 0.95 以上，表明模型可以很好模拟试验条件下各处理水稻茎蘖消长变化。模型参数 A 与对应最大茎蘖数实测值（表 3.2）比较，2016 年误差范围为 3.1%～12.9%，2017 年误差范围为 9.8%～22.4%，说明模型参数 A 可以表示水稻群体茎蘖数最大值。由于旱涝交替胁迫显著降低了参数 A 的数值，最大分蘖数总体偏小，使得有效穗数不足，为了达到理想的高产群体，在有效分蘖期，尽量避免旱涝交替胁迫。

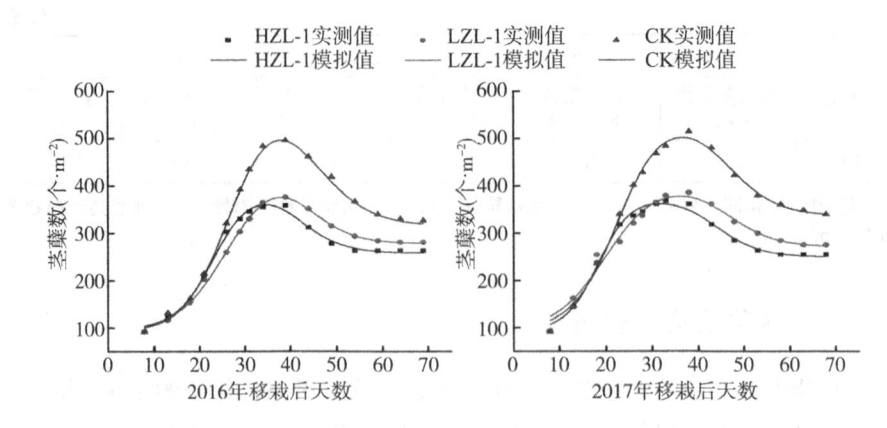

图 3.3　分蘖期旱涝交替胁迫水稻茎蘖消长模拟

表 3.3　旱涝交替胁迫水稻茎蘖模型参数

年份	处理	A	d_1	f_1	B	d_2	f_2	C	RMSE/个·m^{-2}	NRMSE/%	r
2016	HZL-1	311.7	235.9	0.236 9	144.8	8 200	0.214 8	92.0	6.938 5	2.66	0.994 9
	LZH-1	364.2	123.3	0.181 9	177.3	9 100	0.208 4	92.0	6.713 3	2.51	0.996 3
	CK	528.4	216.4	0.199 7	304.4	2176	0.171 7	92.0	6.299 1	1.90	0.997 6
2017	HZL-1	284.7	174.0	0.282 7	127.4	9 940	0.208 5	92.0	8.894 7	3.18	0.992 0
	LZH-1	315.3	39.09	0.184 8	136.1	9 980	0.197	92.0	16.53	5.64	0.957 2
	CK	463.6	94.84	0.202 8	219	6 548	0.188 9	92.0	10.940 2	3.02	0.994 3

3.1.3　旱涝交替胁迫水稻叶面积指数动态变化

水稻叶片是植株进行光合作用与制造有机物的主要器官，它参与水稻许多生理生态活动，如光合、蒸腾、碳循环、气体交换以及降水截获等。叶面积指数(LAI)是反映水稻叶面积发展的重要评价指标，它的大小对光合效率产生影响，即对产量的高低起着关键性作用。

水稻 LAI 动态变化见图 3.4。除 HZL-2 处理胁迫后 LAI 略大于对照，其他各生育期旱涝交替胁迫后 LAI 均小于对照，其中乳熟期旱涝交替胁迫达到显著水平($P<0.05$)，这主要是因为该期旱、涝胁迫分别形成根部缺水、缺氧的生长环境，使部分衰老叶片加速死亡。

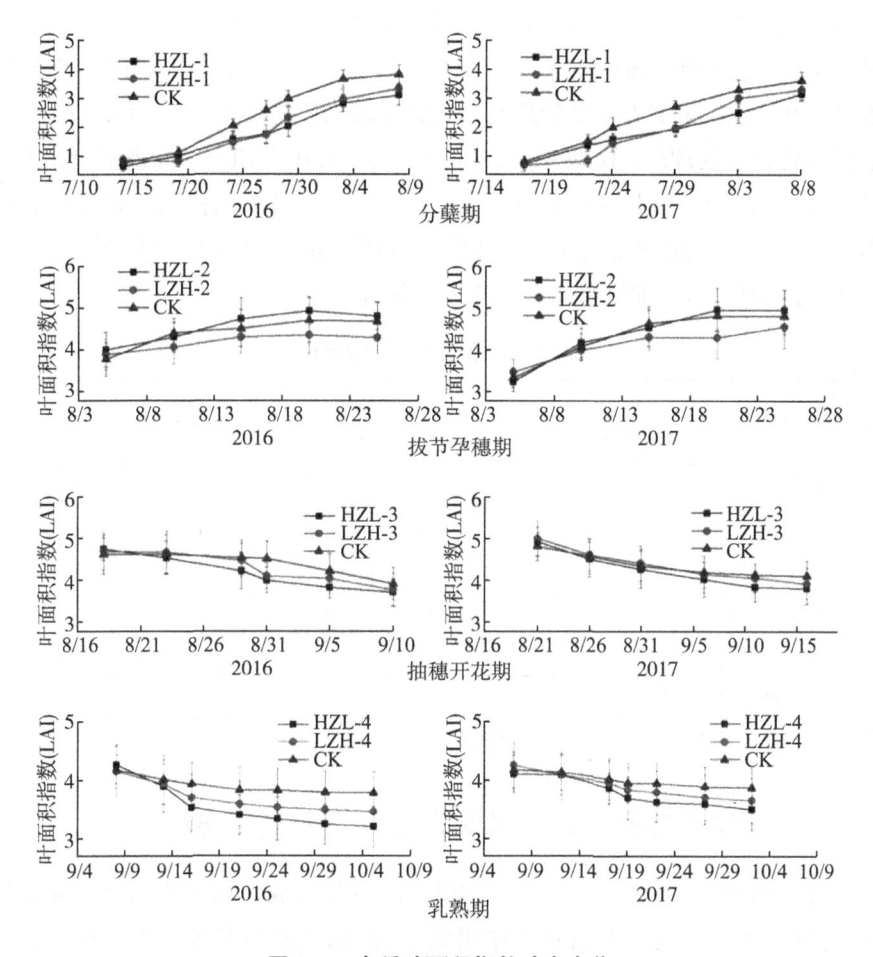

图 3.4 水稻叶面积指数动态变化

3.1.4 旱涝交替胁迫水稻根冠关系

根的主要功能是吸收水分与养分,冠层的主要功能是进行光合作用并形成碳水化合物。根冠功能相互依靠和补偿,共同满足各自及作物整体生长需要。水稻根系对土壤水分变化非常敏感,稻田土壤水分变化会对水稻根长、直径以及分布产生明显影响。已有研究表明,淹水稻田根系主要分布于土壤表层,聚集成网,而旱稻土壤表层根较少,根系主要分布于中下层。此外,旱胁迫水稻根重与根冠比较大,涝胁迫水稻根重与根冠比较小。

各处理水稻根重、冠重及根冠比见表 3.4。除 HZL-2 处理水稻根重较 CK 增加 0.7%~5.8%,其他各生育期旱涝交替胁迫处理较 CK 减少 8.0%~

33.3%,其中分蘖期先旱后涝处理(HZL-1)差别显著($P<0.05$)。各生育期旱涝交替胁迫处理水稻冠重较 CK 降低 1.9%~19.8%,其中 2016 年差别显著($P<0.05$)。除 HZL-2 处理水稻根冠比较 CK 增加 7.8%~15.9%,其他旱涝交替胁迫处理较 CK 减少 0.7%~17.1%,其中 HZL-1 处理根冠比差别显著($P<0.05$)。因此,拔节孕穗期先旱后涝胁迫对水稻根系生长有促进作用,提高了水稻根重及根冠比,而其他生育期旱涝交替胁迫对水稻根系生长均产生抑制作用,进而降低水稻根重及根冠比。

表 3.4　水稻根重及根冠比

年份	指标	处理								
		HZL-1	HZL-2	HZL-3	HZL-4	LZH-1	LZH-2	LZH-3	LZH-4	CK
2016	根重/g·穴	1.95b	2.92b	2.27b	2.04b	2.20b	2.23b	2.25b	2.17b	2.90a
	冠重/g·穴	45.9b	49.7b	45.1b	46.6b	45.9b	47.5b	46.8b	48.4b	57.2a
	根冠比	0.042c	0.059a	0.050b	0.044bc	0.048bc	0.047bc	0.048bc	0.045bc	0.051b
2017	根重/g·穴	2.18c	3.46a	3.01ab	2.64b	2.53b	2.78b	2.91b	2.62bc	3.27a
	冠重/g·穴	45.3c	55.3ab	52.5abc	49.7bc	46.3c	50.5abc	51.9abc	50.2bc	56.4a
	根冠比	0.048c	0.063a	0.057abc	0.053abc	0.055abc	0.055abc	0.056abc	0.052bc	0.058ab

注：相同年份同一行 a、b、c 表示显著性差异($P<0.05$)。

3.1.5　旱涝交替胁迫水稻株高动态与茎秆特征分析

株高是反映水稻生长情况的关键指标,也是组成水稻理想株型的主要因素,适宜的株高是调节水稻光合作用效率、抗倒伏能力和改善产量构成的重要指标。不合理的灌排方式会使水稻地上干物质累积增加导致基部茎节的弯曲力矩变大,增加倒伏风险,不利于水稻的高产稳产、品质提高及收割效率。合理的灌排方式下,植株营养物质的制造、积累和运移协调,各器官干物质分配比例合理,植株抗倒伏能力增加,有利于水稻高产稳产和品质的提高。因此,研究不同生育阶段旱涝交替胁迫水稻株高动态变化和茎秆特征,以及应用株高生长模型对株高生长进行模拟分析,可为控制灌排条件下水稻个体生长及群体调控以及估算后期的倒伏风险提供技术支持。

(1) 水稻株高动态变化与茎秆特征

分蘖期和拔节孕穗期水稻株高动态变化见图 3.5 和图 3.6。水稻株高在全生育期内动态变化总体呈现出"S"形的生长规律,即在分蘖期株高生长缓

第三章 旱涝交替胁迫对水稻群体及生理的影响

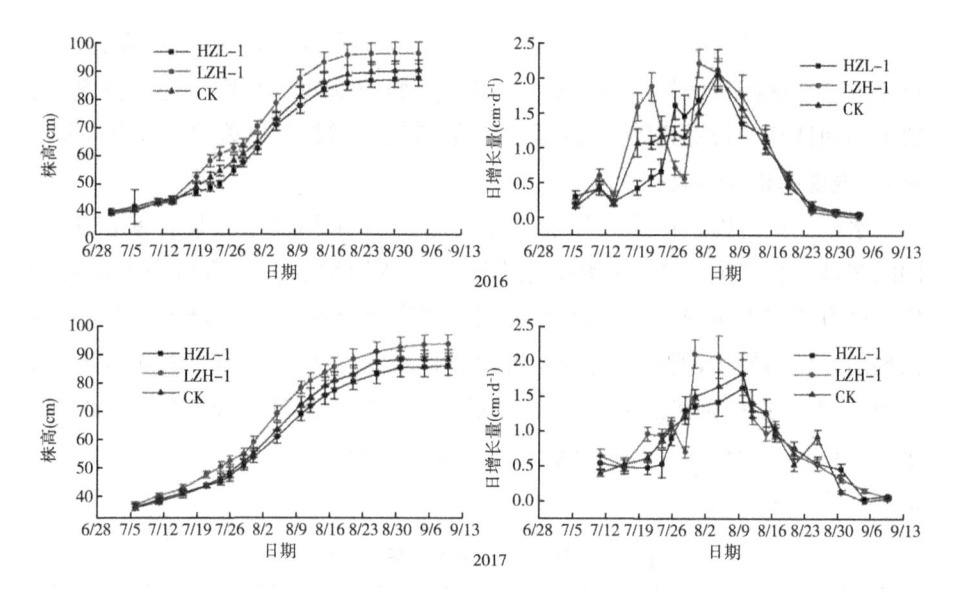

注:2016年、2017年HZL-1处理旱涝急转日分别为7月24日和7月21日,旱涝交替胁迫结束日分别为7月29日和7月26日;LZH-1处理涝结束日分别为7月19日和7月22日,旱涝交替胁迫结束日均为7月27日。

图3.5 分蘖期旱涝交替胁迫水稻株高动态变化

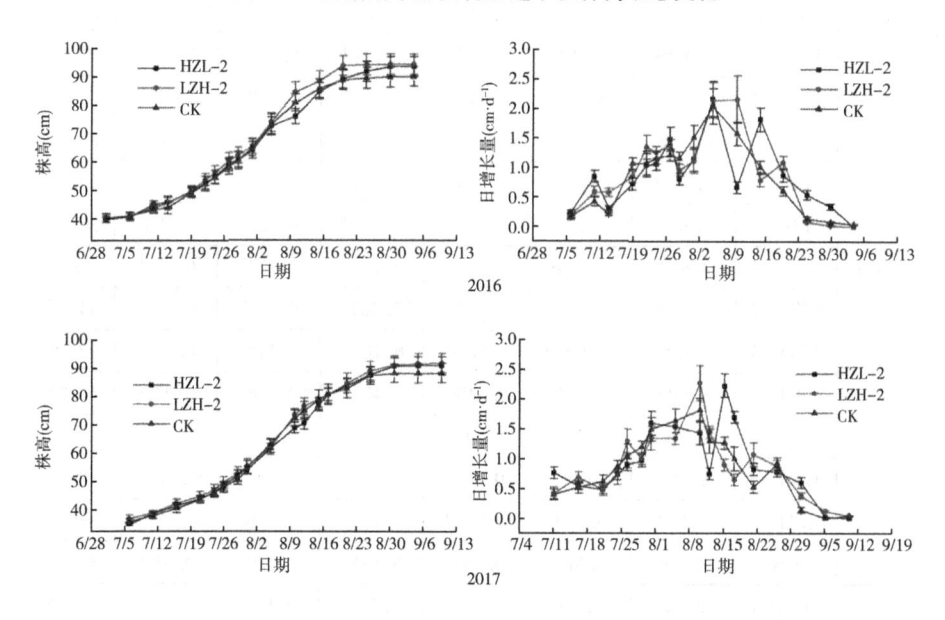

注:2016年、2017年HZL-2处理旱涝急转日分别为8月11日和8月7日,旱涝交替胁迫结束日分别为8月16日和8月12日;LZH-2处理涝结束日分别为8月11日和8月8日,旱涝交替胁迫结束日均为8月15日。

图3.6 拔节孕穗期旱涝交替胁迫水稻株高动态变化

049

慢,拔节孕穗期株高生长迅速,抽穗开花期株高生长又变缓慢,乳熟期株高停止生长。从株高日增长量可以看出,水稻旱胁迫期间株高增长受到抑制,涝胁迫期间株高增长受到促进;由旱转涝后,株高日增长量显著($P<0.05$)大于对照,表现为超补偿效应。

水稻倒伏是以茎秆倒伏为主要形式,是由于水稻抽穗灌浆后重心升高,同时茎秆生长趋向衰老,在承载能力降低与弯矩增加的双重压力下出现倒伏。已有研究表明,淹水胁迫会使基部茎节间组织中氧浓度降低,引起基部乙烯的合成与累积,促进节间分生组织细胞的分裂,引起基部茎秆节间变长,茎粗变细,后期抗倒伏能力变差;干旱胁迫会使节间延伸生长变慢,增加基部茎秆直径、茎壁厚度以及茎秆强度,从而降低水稻倒伏率。旱涝交替胁迫水稻茎秆特征见表3.5。

表3.5 旱涝交替胁迫水稻茎秆特征

年份	处理	节间距/cm 第一节	节间距/cm 第二节	直径/cm 第一节	直径/cm 第二节	壁厚/cm 第一节	壁厚/cm 第二节	株高/cm
2016	HZL-1	2.41[e]	7.42[c]	0.609[a]	0.557[a]	0.174[a]	0.101[a]	87.1[d]
	HZL-2	4.04[abcd]	10.53[ab]	0.519[ab]	0.462[ab]	0.124[b]	0.075[b]	93.4[abc]
	HZL-3	3.47[cde]	9.24[abc]	0.552[ab]	0.474[ab]	0.126[b]	0.079[b]	91.6[bcd]
	HZL-4	2.96[de]	8.72[bc]	0.554[a]	0.479[ab]	0.122[b]	0.076[ab]	90.3[bcd]
	HZL-5	3.43[cde]	8.71[bc]	0.539[ab]	0.417[b]	0.123[b]	0.081[b]	92.1[abc]
	HZL-6	4.20[abc]	10.69[a]	0.533[ab]	0.411[b]	0.124[b]	0.081[b]	93.9[abc]
	HZL-7	3.43[cde]	9.21[abc]	0.512[ab]	0.463[ab]	0.127[b]	0.083[b]	90.8[bcd]
	LZH-1	4.66[ab]	10.93[a]	0.549[a]	0.481[ab]	0.124[b]	0.080[b]	95.9[ab]
	LZH-2	3.82[abcd]	10.09[ab]	0.524[ab]	0.451[b]	0.116[b]	0.074[b]	94.2[abc]
	LZH-3	3.57[bcde]	9.60[ab]	0.533[ab]	0.460[ab]	0.113[b]	0.077[b]	92.3[abc]
	LZH-4	3.31[cde]	9.29[abc]	0.546[ab]	0.476[ab]	0.116[b]	0.079[b]	90.7[bcd]
	LZH-5	4.76[a]	11.01[a]	0.448[b]	0.399[b]	0.086[c]	0.055[c]	96.4[a]
	LZH-6	4.68[ab]	10.78[a]	0.551[a]	0.481[ab]	0.091[c]	0.071[bc]	93.5[abc]
	LZH-7	3.30[cde]	9.95[ab]	0.538[ab]	0.473[ab]	0.118[b]	0.071[bc]	91.1[bcd]
	CK	2.93[de]	8.57[bc]	0.558[ab]	0.484[b]	0.130[b]	0.084[b]	89.9[bcd]
2017	HZL-1	2.53[e]	8.17[c]	0.648[a]	0.545[a]	0.124[a]	0.091[a]	85.7[e]
	HZL-2	3.80[bcd]	10.73[ab]	0.489[bc]	0.454[abc]	0.090[cd]	0.068[bcde]	90.6[abcd]
	HZL-3	3.43[cd]	9.75[abc]	0.453[cd]	0.406[bc]	0.096[bcd]	0.072[bcd]	89.4[abcde]
	HZL-4	3.21[de]	9.34[abc]	0.540[bc]	0.456[ab]	0.102[bc]	0.079[abc]	88.6[cde]

续表

年份	处理	节间距/cm 第一节	节间距/cm 第二节	直径/cm 第一节	直径/cm 第二节	壁厚/cm 第一节	壁厚/cm 第二节	株高/cm
2017	HZL-5	3.39^{cd}	9.03^{bc}	0.471^{bc}	0.421^{bc}	0.108^{abc}	0.076^{abc}	89.8^{abcde}
	HZL-6	3.97^{abcd}	10.67^{ab}	0.452^{cd}	0.392^{bc}	0.070^{e}	0.046^{f}	91.7^{abcd}
	HZL-7	3.40^{cd}	9.73^{abc}	0.458^{bcd}	0.411^{bc}	0.098^{bcd}	0.075^{abc}	89.3^{bcde}
	LZH-1	4.63^{ab}	10.10^{abc}	0.545^{bc}	0.388^{bc}	0.085^{de}	0.058^{def}	93.4^{abc}
	LZH-2	3.40^{cd}	9.40^{abc}	0.519^{bc}	0.406^{bc}	0.093^{cd}	0.064^{bcde}	91.6^{abcd}
	LZH-3	3.73^{bcd}	10.17^{abc}	0.523^{bc}	0.409^{bc}	0.090^{cd}	0.062^{cdef}	89.9^{abcde}
	LZH-4	3.23^{de}	9.77^{abc}	0.541^{bc}	0.449^{abc}	0.096^{bcd}	0.068^{bcde}	88.7^{cde}
	LZH-5	4.47^{abc}	11.23^{a}	0.465^{bcd}	0.376^{bc}	0.083^{de}	0.064^{bcde}	94.2^{a}
	LZH-6	4.97^{a}	11.17^{a}	0.365^{d}	0.365^{c}	0.083^{de}	0.053^{ef}	93.9^{ab}
	LZH-7	3.90^{abcd}	9.57^{abc}	0.496^{bc}	0.444^{abc}	0.099^{bcd}	0.073^{bcd}	90.5^{abcde}
	CK	3.17^{de}	9.01^{bc}	0.557^{ab}	0.467^{ab}	0.112^{ab}	0.081^{ab}	88.1^{de}

注：相同年份同一列 a、b、c、d、e 表示显著性差异($P<0.05$)；节间距"第一节"和"第二节"指的是从水稻基部起始。

HZL-1 处理水稻基部茎节节间距较 CK 降低 9.3%～20.2%，但差别不显著($P\geqslant0.05$)，其他旱涝交替胁迫处理较 CK 增加 0.2%～62.5%，说明旱涝交替胁迫对水稻基部节间生长的影响主要呈现出促进作用。产生这种现象的原因是试验时涝胁迫淹水较深且历时较长，使茎秆特征主要受涝胁迫影响。此外，连续两个生育期旱涝交替胁迫对水稻基部节间生长促进作用比单生育期明显。从显著性结果可以看出，分蘖期与拔节孕穗期、拔节孕穗期与抽穗开花期连续两个生育期先涝后旱胁迫对水稻基部节间增长影响显著($P<0.05$)，其中分蘖期与拔节孕穗期连续先涝后旱胁迫的水稻株高两年分别较对照显著($P<0.05$)增加了 6.5 cm 和 6.1 cm。

除分蘖期先旱后涝处理(HZL-1)水稻基部茎节直径和壁厚分别较 CK 增加 9.1%～25.3% 和 10.7%～34.0% 外，其他各生育期旱涝交替胁迫处理分别较 CK 降低 0.6%～34.5% 和 0.5%～43.2%，说明旱涝交替胁迫对水稻基部茎节直径和壁厚的影响主要呈现出抑制作用。分蘖期 HZL-1 处理水稻株高较 CK 降低 2.7%～3.1%，但差别不显著($P\geqslant0.05$)，其他旱涝交替胁迫处理较 CK 增加 0.4%～7.2%，说明旱涝交替胁迫对水稻株高的影响主要呈现出促进作用。

以上结果表明，旱涝交替胁迫对水稻基部节间生长的影响主要呈现出促进作用,而对水稻基部茎节直径和壁厚的影响主要呈现出抑制作用,降低了水稻抗倒伏能力,特别是在分蘖期与拔节孕穗期应尽量避免历时较长的涝胁迫,采取合理的控制灌排策略来控制水稻植株高度,增加基部茎节直径和壁厚,防止后期水稻倒伏。

(2) 株高生长模拟

植物生长曲线法作为趋势延伸法的一种重要方法,可以准确描述及预测生物个体生长发育。广泛应用的数学模型有 Logistic、Gompertz、von Bertalanffy 以及 Richards 等,其中 Logistic 与 Gompertz 模型具备拐点固定以及饱和增长特征,而 von Bertalanffy 与 Richards 模型具备拐点可变特征。Richards 生长模型是在 von Bertalanffy 模型的基础上经一般化处理后提出的,其参数具有合理的生物学意义,且对生物多样性生长过程描述能力强。因此,本文采用 Richards 模型模拟旱涝交替胁迫水稻株高生长。Richards 株高生长模型表达式为:

$$H = A \times (1 - B \times e^{-k \times t})^{1/(1-m)} + C \quad (3-2)$$

式中:H—株高,cm;t—移栽天数(d);A—株高累积生长饱和值;B—初始值参数;C—基参数,即不随时间变化的初始株高,cm;k—生长速率参数;m—异速生长参数。

分蘖期和拔节孕穗期旱涝交替胁迫水稻株高生长模拟效果及模型参数见图 3.7 和表 3.6。从模拟结果可以看出,各处理株高模拟值与实测值之间的变化规律契合度较好。模拟值和实测值两者之间的 RMSE 在 2 cm 之内,

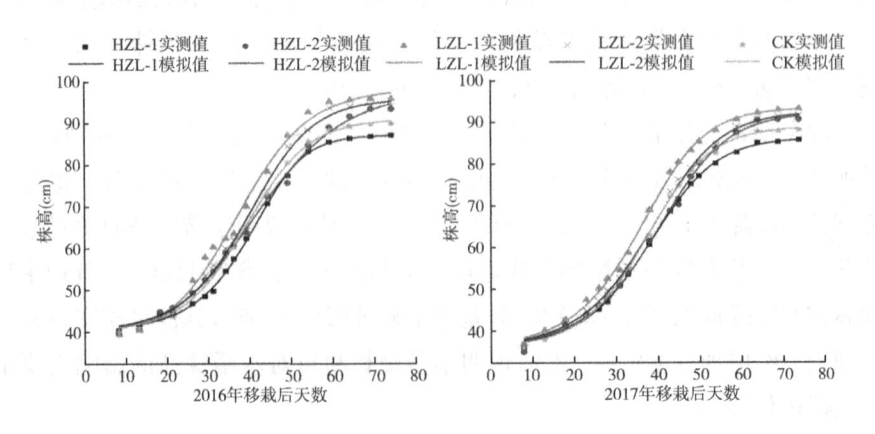

图 3.7 分蘖期和拔节孕穗期旱涝交替胁迫水稻株高生长模拟

NRMSE 均小于 5%，而相关系数 r 均在 0.99 以上，表明 Richards 模型可以很好地模拟试验条件下各处理水稻株高生长变化。模型参数 A 与 C 的和值，与表 3.4 中的株高实测值比较，2016 年和 2017 年误差的绝对值范围为 0.10%～5.35%，说明模型参数 A 也可以很好地表示水稻株高累积生长值。

表 3.6 旱涝交替胁迫水稻株高模型参数

年份	处理	模型参数					评价指标		
		A	B	k	m	C	RMSE/cm	NRMSE/%	r
2016	HZL-1	47.19	-3 308	0.181 7	2.722	40	0.577 1	0.92	0.999 2
	HZL-2	57.93	-14.5	0.083 31	1.526	40	1.225 4	1.77	0.996 8
	LZH-1	58.4	-32.23	0.107 9	1.64	40	1.936 2	2.97	0.993 4
	LZH-2	55.90	-272.8	0.134 5	2.227	40	1.403 9	2.10	0.996 3
	CK	51.03	-194.4	0.133 4	2.056	40	0.854 2	1.32	0.998 4
2017	HZL-1	50.3	-198	0.132	2.185	36	0.545 9	0.87	0.999 3
	HZL-2	56.31	-223.9	0.126 9	2.26	36	1.110 3	1.62	0.997 5
	LZH-1	57.48	-244.1	0.140 2	2.366	36	0.889 4	1.38	0.998 5
	LZH-2	56.55	-189	0.128	2.247	36	0.939 8	1.43	0.998 2
	CK	52.98	-161.1	0.133 4	2.062	36	0.998 9	1.55	0.999 1

3.1.6 旱涝交替胁迫水稻产量构成

产量是评价水稻生长优劣的最根本评价标准，其构成因子包含单位面积有效穗数、每穗粒数、结实率以及千粒重。水稻产量构成与稻田水分之间存在着密不可分的联系，在不同生长发育阶段，水分胁迫对产量形成的影响是不同的，前期的作用会对后期的生长发育产生后效性。已有研究表明，分蘖期是决定水稻茎蘖数的关键时期，长时间的旱、涝胁迫会显著降低最高茎蘖数，导致水稻群体数量偏低而影响产量；拔节孕穗期是水稻营养生长和生殖生长的并进与转折期，无效分蘖开始消亡，幼穗开始发育并逐渐生长，对有效穗数、穗粒数起着重要作用，长时间旱、涝胁迫会使有效穗数减少，同时对颖花发育产生抑制作用，导致穗粒数降低；抽穗开花期是水稻生长的关键时期，旱、涝胁迫会严重影响水稻的干物质积累，不利于穗粒发育，降低结实率；乳熟期是水稻籽粒灌浆充实的关键时期，旱、涝胁迫会影响籽粒充实饱满，降低千粒重。

旱涝交替胁迫水稻产量及其构成要素见表 3.7。水稻分蘖期旱涝交替胁

表 3.7　旱涝交替胁迫水稻产量及其构成要素

年份	处理	有效穗数/ 个·m^{-2}	每穗粒数/ (粒/穗)	结实率/%	千粒重/g	理论产量/ kg·hm^{-2}	实际产量/ kg·hm^{-2}
2015	HZL-1	288^c	121^a	89.2^{ab}	25.5^{abc}	7 916.6^{bc}	7 621.3^{bcd}
	HZL-2	364^a	105^{bc}	94.5^a	27.1^a	9 791.7^a	8 954.7^{ab}
	HZL-3	349^a	114^{abc}	87.2^b	25.5^{abc}	8 842.8^{abc}	8 349.8^{abcd}
	HZL-4	355^a	109^{abc}	93.2^a	24.2^c	8 726.4^{abc}	8 251.4^{abcd}
	HZL-5	294^c	113^{abc}	93.1^{ab}	25.3^{abc}	7 818.8^{bc}	7 487.5^{cd}
	HZL-6	358^a	101^c	95.6^{ab}	26.5^{ab}	9 160.8^{ab}	8 724.6^{abc}
	HZL-7	352^a	112^{abc}	88.9^{ab}	26.4^{ab}	9 250.0^{ab}	8 727.1^{abc}
	LZH-1	303^{bc}	118^{ab}	90.1^{ab}	25.8^{ab}	8 309.7^{bc}	8 083.4^{abcd}
	LZH-2	361^a	110^{abc}	91.6^{ab}	25.5^{ab}	9 277.5^{ab}	8 769.7^{abc}
	LZH-3	352^a	105^{bc}	93.1^{ab}	26.6^{ab}	9 150.4^{ab}	8 687.2^{abc}
	LZH-4	358^a	111^{abc}	92.0^{ab}	24.8^{bc}	9 067.1^{ab}	8 411.8^{abcd}
	LZH-5	297^{bc}	114^{abc}	89.3^{ab}	25.0^{bc}	7 554.2^c	7 263.2^d
	LZH-6	340^{ab}	115^{abc}	90.5^{ab}	24.7^{bc}	8 731.5^{abc}	8 027.6^{abcd}
	LZH-7	349^a	113^{abc}	88.5^{ab}	24.2^c	8 442.4^{abc}	7 885.4^{abcd}
	CK	361^a	111^{abc}	94.0^a	26.1^{abc}	9 833.2^a	9 147.5^{ab}
2016	HZL-1	263^e	129^a	84.4^{ab}	25.9^{ab}	7 420.8^{cd}	7 172.0^{bcd}
	HZL-2	337^{ab}	108^c	87.1^a	27.3^a	8 644.1^{ab}	8 245.6^{ab}
	HZL-3	324^{abc}	122^{ab}	80.7^b	26.1^{ab}	8 334.1^{abc}	8 079.9^{abc}
	HZL-4	334^{ab}	117^{abc}	83.9^{ab}	24.6^b	8 054.4^{abcd}	7 884.3^{abcd}
	HZL-5	279^{cde}	116^{abc}	87.2^{ab}	25.4^{ab}	7 180.6^{cd}	6 938.5^{cd}
	HZL-6	355^{ab}	111^{bc}	80.2^b	26.2^{ab}	8 279.0^{abc}	7 917.2^{abcd}
	HZL-7	315^{abc}	117^{abc}	82.3^{ab}	26.6^{ab}	8 071.0^{abcd}	7 712.7^{abcd}
	LZH-1	282^{cde}	124^{ab}	84.6^{ab}	25.7^{ab}	7 598.7^{bcd}	7 100.1^{bcd}
	LZH-2	309^{abcd}	119^{abc}	86.4^{ab}	26.4^{ab}	8 388.9^{abc}	8 036.3^{abc}
	LZH-3	318^{abc}	120^{abc}	84.5^{ab}	25.9^{ab}	8 357.8^{abc}	7 989.7^{abc}
	LZH-4	330^{ab}	115^{bc}	82.5^{ab}	25.0^b	7 838.6^{abcd}	7 612.2^{abcd}
	LZH-5	269^{de}	122^{ab}	81.5^{ab}	25.9^{ab}	6 922.4^d	6 759.8^d
	LZH-6	303^{bcde}	124^{ab}	82.4^{ab}	25.3^{ab}	7 828.2^{abcd}	7 691.0^{abcd}
	LZH-7	321^{abc}	120^{abc}	80.7^b	25.1^b	7 805.0^{abcd}	7 744.5^{abcd}
	CK	327^{ab}	118^{abc}	86.0^{ab}	26.5^{ab}	8 808.4^a	8 387.7^a

续表

年份	处理	有效穗数/个·m^{-2}	每穗粒数(粒/穗)	结实率/%	千粒重/g	理论产量/kg·hm^{-2}	实际产量/kg·hm^{-2}
2017	HZL-1	254^d	131^a	90.1^{ab}	25.1^{bcd}	7 524.4^{cd}	7 394.6^{bcd}
	HZL-2	355^a	104^d	92.2^a	26.7^a	9 087.7^a	8 717.6^{ab}
	HZL-3	343^a	117^{abcd}	89.0^{ab}	25.1^{bcd}	9 006.0^a	8 529.1^{abc}
	HZL-4	326^{ab}	114^{bcd}	91.1^a	23.9^d	8 076.2^{abcd}	7 863.5^{abcd}
	HZL-5	266^{cd}	121^{abc}	90.4^{ab}	24.9^{bcd}	7 250.9^d	6 698.2^d
	HZL-6	352^a	108^{cd}	91.3^a	25.6^{abc}	8 882.9^{ab}	8 525.3^{abc}
	HZL-7	334^a	114^{bcd}	88.2^b	25.4^{abcd}	8 533.3^{abc}	8 325.8^{abc}
	LZH-1	275^{bcd}	124^{ab}	89.4^{ab}	25.2^{abcd}	7 693.5^{bcd}	7 325.0^{cd}
	LZH-2	312^{abc}	119^{abcd}	92.2^a	26.0^{ab}	8 968.2^{ab}	8 661.1^{abc}
	LZH-3	330^{ab}	122^{abc}	88.9^{ab}	25.0^{bcd}	8 941.4^{ab}	8 596.3^{abc}
	LZH-4	337^{ab}	115^{bcd}	88.7^{ab}	24.3^{cd}	8 346.6^{abc}	8 081.7^{abc}
	LZH-5	257^{cd}	123^{abc}	89.2^{ab}	24.6^{bcd}	6 937.5^d	6 706.8^d
	LZH-6	306^{abcd}	120^{abc}	90.1^{ab}	24.6^{bcd}	8 219.8^{abc}	7 952.0^{abcd}
	LZH-7	327^{ab}	118^{abcd}	86.8^b	24.4^{cd}	8 182.2^{abcd}	7 944.7^{abcd}
	CK	340^a	116^{abcd}	92.3^a	25.4^{abcd}	9 233.7^a	8 810.8^a

迫对有效穗数影响最大,与对照差别显著($P<0.05$),表明分蘖期旱涝交替胁迫会抑制植株分蘖,降低分蘖率和有效茎蘖数,导致单位面积有效穗数明显减少,每穗粒数均有所增加,但不显著,结实率和千粒重也无明显差别;由于有效穗数明显减少,所以理论产量与对照相比明显降低。拔节孕穗期旱涝交替胁迫,其有效穗数、穗粒数、结实率、千粒重与对照相比均没有明显差异,因而产量也没有明显差异。抽穗开花期期旱涝交替胁迫,其有效穗数、穗粒数、结实率(除15年HZL-3处理显著小于对照外)、千粒重与对照相比没有明显差异,最终产量也没有显著差异。乳熟期旱涝交替胁迫,其有效穗数、穗粒数、结实率、千粒重与对照相比没有明显差异,只是千粒重略有降低。分蘖期和拔节孕穗期连续旱涝胁迫对有效穗数降低影响最大,与对照差别显著($P<0.05$),表明这两个生育期连续旱涝交替胁迫会抑制植株分蘖,降低有效茎蘖数,导致单位面积有效穗数明显减少,而穗粒数、结实率和千粒重却无明显差别;由于有效穗数明显减少,所以理论产量与对照相比明显降低。拔节孕穗期和抽穗开花期以及抽穗开花期和乳熟期连续旱涝交替胁迫,其有效穗数、穗粒数、结实率、千粒重与对照相比均没有明显差异,因而

产量也没有明显差异。

单个生育期旱涝交替胁迫以及连续两个生育期旱涝交替胁迫与对照相比均会出现减产，单个生育期旱涝交替胁迫减产顺序（三年平均减产率，下同）为：分蘖期(16.7%)＞乳熟期(10.1%)＞抽穗开花期(5.9%)＞拔节孕穗期(2.9%)；连续两个生育期旱涝交替胁迫减产顺序为：分蘖期与拔节孕穗期(21.7%)＞抽穗开花期与乳熟期(9.9%)＞拔节孕穗期与抽穗开花期(8.3%)，除分蘖期旱涝交替胁迫及分蘖期和拔节孕穗期连续旱涝交替胁迫减产达到显著水平外，其他均未达到显著水平。

保证水稻有效茎蘖数是水稻高产的基础。前面的试验数据分析表明，有效分蘖期水稻长时间受旱或受淹均会抑制分蘖的发生，导致水稻最高茎蘖数明显下降，因此，在制定水稻灌排制度时，应尽量避免有效分蘖期遭受较重的旱涝交替胁迫，否则会造成较大程度减产。

3.2 旱涝交替胁迫对水稻生理的影响

3.2.1 水稻净光合速率 P_n 和蒸腾速率 T_r 逐日动态变化

从光合作用的角度来看，水稻产量的形成主要经历三个过程，首先是植株对光能的吸收，其次是光能转化为化学能，最后是光合产物在籽粒、根系、茎叶等部位进行分配。因此，水稻植株光合作用的强弱影响产量的高低。蒸腾作用是水稻生长发育进程中水分代谢的根本，同时也是水稻营养物质运输、吸收和保持体温的唯一方式，对水稻体内水分与矿物质营养的循环运输以及光合作用起着关键作用，对水稻的生理生长、品质优劣、收成丰歉等有着明显影响。光合作用与蒸腾作用主要受水分、养分、温度、太阳光照时间以及辐射强度等因素影响。通常认为旱、涝胁迫均对作物光合作用和蒸腾作用产生抑制作用。本试验测定水稻日净光合速率 P_n 和蒸腾速率 T_r 的时间均在上午 10:00 左右，该时段内叶片气孔可以达到较高的开度而且还未进入中午关闭阶段，可以较好地表征水稻的光合和蒸腾能力。

(1) 分蘖期水稻净光合速率和蒸腾速率逐日动态变化

分蘖期旱涝交替胁迫水稻光合、蒸腾和气孔导度指标逐日变化见图 3.8。由图 3.8(a)可知，与对照相比，前期旱胁迫或涝胁迫水稻 P_n 均会产生不同程度的降低，且随着时间的延长降幅不断增大，旱胁迫最后（农田水位为－40 cm～－50 cm）显著降低 14.7%～19.8%，涝胁迫最后（第 5 d）显著降低 19.6%～21.3%（$P<0.05$）。HZL-1 处理由旱转涝后，P_n 有所恢复，但仍较对照降低 3.3%～12.8%，说明分蘖期先旱后涝胁迫对水稻光合作用有一定补偿效应，但不能很快恢复到对照水平。LZH-1 处理在涝胁迫结束后 P_n 逐渐恢复至接近正常水平，而随着水分消耗转入旱胁迫，P_n 降幅逐渐增加，最后较对照显著（$P<0.05$）降低 13.7%～17.8%。分蘖期旱涝交替胁迫结束 8 d 左右，P_n 较对照增加 2.9%～8.2%，出现超补偿效应，但随着水稻生长发育，这种补偿效应逐渐降低。

分蘖期水稻蒸腾速率 T_r 和气孔导度 G_s 的变化规律存在明显的对应性，见图 3.8(b) 和 3.8(c)。HZL-1 处理前期旱胁迫 T_r 降幅随着时间的延长逐渐加大，最后较对照显著降低 28.6%～50.9%（$P<0.05$），由旱转涝后，T_r 有所恢复，最后与对照差别不显著（$P\geqslant 0.05$）。LZH-1 处理前期涝胁迫初期水稻 T_r 略有增加，中后期随着涝胁迫时间延长逐渐降低，涝胁迫结束后，逐渐恢复至接近对照水平，而随着水分消耗转入旱胁迫，T_r 逐渐下降，最后较对照显著（$P<0.05$）降低 37.8%～45.1%。分蘖期旱涝交替胁迫结束后 T_r 和 G_s 虽然都有所恢复，最终还是小于对照，但差别不显著（$P\geqslant 0.05$），说明分蘖期旱涝交替胁迫会显著降低水稻蒸腾，并可能对水稻蒸腾作用产生不可逆的影响，进而降低水稻后续生长的 T_r 和 G_s。

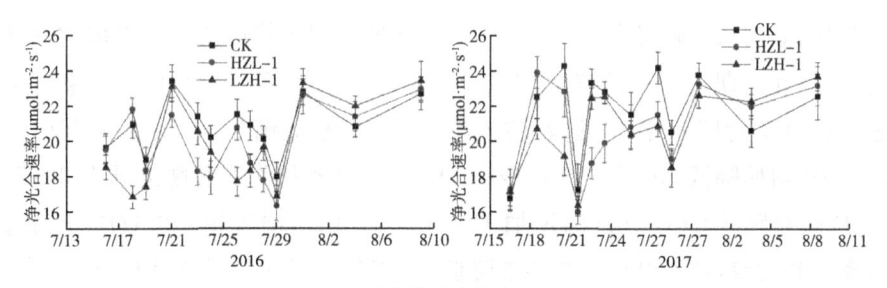

(a) 净光合速率

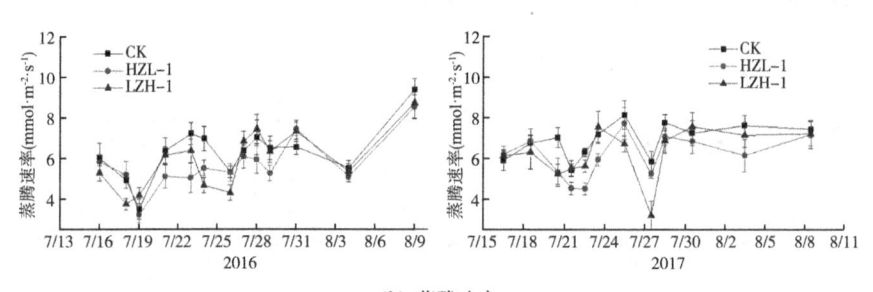

(b) 蒸腾速率

(c) 气孔导度

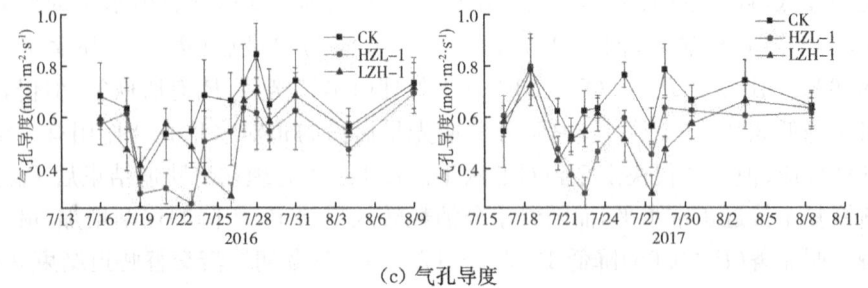

注：2016年、2017年HZL-1处理旱涝急转日分别为7月24日和7月21日，旱涝交替胁迫结束日分别为7月29日和7月26日；LZH-1处理涝结束日分别为7月19日和7月22日，旱涝交替胁迫结束日均为7月27日。

图3.8　分蘖期旱涝交替胁迫水稻光合和蒸腾指标逐日变化

（2）拔节孕穗期水稻净光合速率和蒸腾速率逐日动态变化

拔节孕穗期旱涝交替胁迫水稻光合、蒸腾和气孔导度指标逐日变化见图3.9。由图3.9(a)可知，HZL-2处理前期旱胁迫水稻P_n随着时间的延长降幅逐渐增大，最后（农田水位为－40～－50 cm）较对照显著（$P<0.05$）降低18.2%～19.5%，由旱转涝后P_n增幅随着水分胁迫时间的延长逐渐升高，最后较对照显著（$P<0.05$）增加5.5%～13.8%，说明拔节孕穗期先旱会降低光合作用、后涝会增强光合作用。LHZ-2处理前期涝胁迫初中期水稻P_n略有提高，而在后期（第5 d）较对照降低，但差别不显著（$P\geqslant 0.05$），涝结束后P_n逐渐恢复至对照水平，而随着转入旱胁迫，降幅逐渐加大，最后显著（$P<0.05$）较对照降低15.5%～16.2%。HZL-2处理旱涝交替胁迫结束3～7 d后P_n较对照显著（$P<0.05$）增加10.0%～17.0%，出现超补偿效应，但随着水稻生长发育，这种补偿效应逐渐降低。LZH-2处理旱涝交替胁迫结束3 d后，P_n恢复至对照水平，无补偿效应出现。

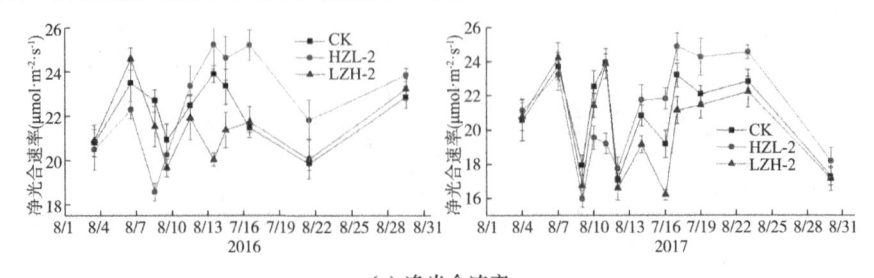

(a) 净光合速率

(b) 蒸腾速率

(c) 气孔导度

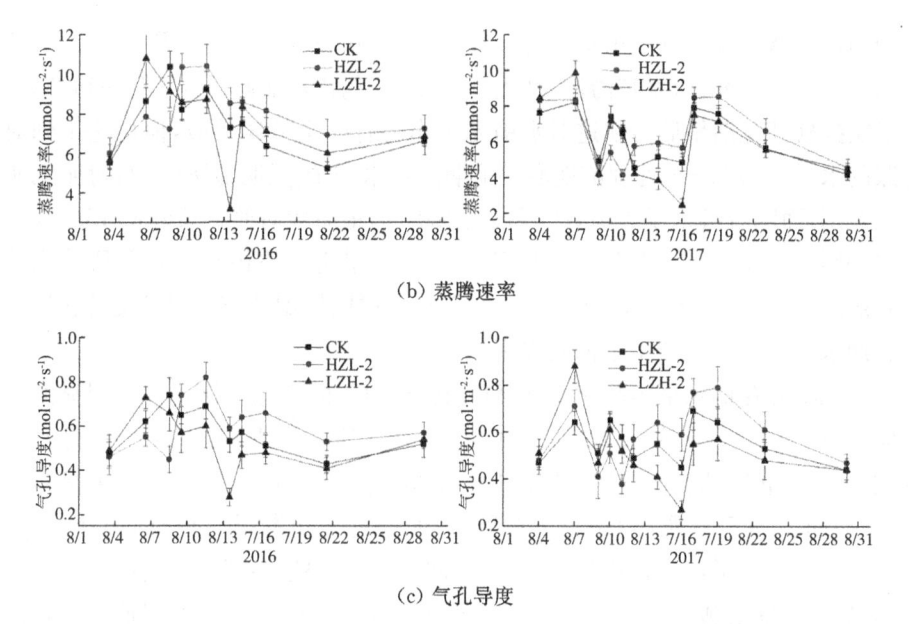

注：2016年、2017年HZL-2处理旱涝急转日分别为8月11日和8月7日，旱涝交替胁迫结束日分别为8月16日和8月12日；LZH-2处理涝结束日分别为8月11日和8月9日，旱涝交替胁迫结束日均为8月15日。

图3.9　拔节孕穗期旱涝交替胁迫水稻光合和蒸腾指标逐日变化

拔节孕穗期水稻蒸腾速率T_r和气孔导度G_s变化规律也存在明显的对应性，见图3.9(b)和3.9(c)。HZL-2处理前期旱胁迫水稻T_r随着时间的延长逐渐下降，最后较对照显著($P<0.05$)降低30.3%～35.3%；由旱转涝后，T_r较对照显著($P<0.05$)增加12.5%～28.4%，说明拔节孕穗期由旱转涝后水稻蒸腾作用得到了增强，出现了超补偿效应。LZH-2处理前期涝胁迫水稻T_r呈现先增加后降低趋势，在受涝2d后大于对照，在受涝4d后小于对照；涝胁迫结束后，T_r逐渐恢复至接近对照水平，而随着水分胁迫转入旱胁迫，T_r逐渐下降，最后较对照显著降低48.8%～56.5%($P<0.05$)。HZL-2旱涝交替胁迫结束3～7d后T_r较对照显著($P<0.05$)增加23.4%～31.9%，出现超补偿效应，但随着水稻生长发育，补偿效应逐渐降低。LZH-2旱涝交替胁迫结束后，T_r逐渐恢复，在11～13d后恢复至对照水平，无补偿效应出现。

（3）抽穗开花期水稻净光合速率和蒸腾速率逐日动态变化

抽穗开花期旱涝交替胁迫水稻光合、蒸腾和气孔导度指标逐日变化见图3.10。由图3.10(a)可知，HZL-3处理前期旱胁迫水稻P_n随着时间的延长降幅逐渐增大,最后(农田水位为-40～-50 cm)较对照显著($P<0.05$)降低 14.5%～18.1%,由旱转涝后,P_n 有所恢复,但仍比对照降低 4.7%～14.3%,说明抽穗开花期旱后涝胁迫对水稻光合作用有一定补偿效应,但仍达不到对照的水平。LZH-3 处理前期涝胁迫期间对水稻 P_n 无明显影响,与对照无明显差别,而随着转入旱胁迫,P_n 降幅逐渐增加,最后较对照显著降低 15.2%～24.9%($P<0.05$)。HZL-3 和 LZH-3 处理旱涝交替胁迫结束后 P_n 分别较对照降低了 2.4%～5.9% 和 3.3%～7.8%,说明抽穗开花期旱涝交替胁迫对后期水稻光合作用产生了抑制作用。

抽穗开花期水稻蒸腾速率 T_r 和气孔导度 G_s 的变化规律仍存在明显的对应性,见图 3.10(b) 和 3.10(c)。HZL-3 处理随着前期旱胁迫时间的延长水稻 T_r 逐渐下降,最后较对照显著($P<0.05$)降低 32.6%～36.7%,由旱转涝后,初期 T_r 大于对照,后期小于对照,说明抽穗开花期旱后短时间涝胁迫(3 d)会对水稻蒸腾产生促进作用,而长时间(5 d)涝胁迫会产生抑制作用。LZH-3 处理前期涝胁迫期间水稻 T_r 较对照增加 0.4%～7.3%,说明抽穗开花期前期涝胁迫对水稻蒸腾作用具有促进作用,涝胁迫结束后,T_r 逐渐恢复至对照水平,而随着水分消耗转入旱胁迫,T_r 逐渐下降,最后较对照显著降低 55.2%～57.7%($P<0.05$)。HZL-3 和 LZH-3 处理旱涝交替胁迫结束 10 d 后 T_r 分别较对照降低 4.6%～6.5% 和 2.7%～7.6%,说明抽穗开花期旱涝交替胁迫对后期水稻蒸腾会产生抑制作用。

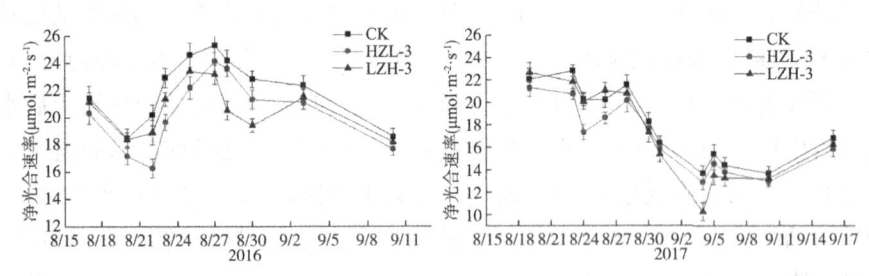

(a) 净光合速率

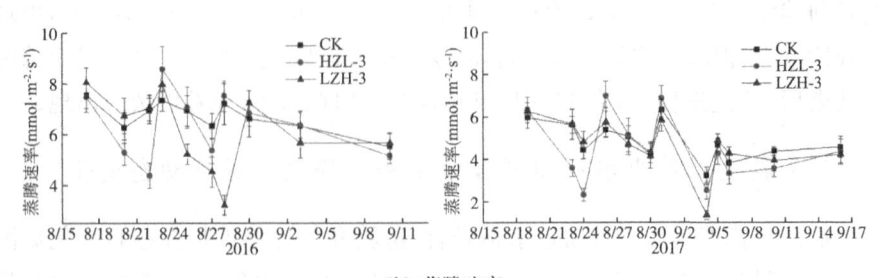

(b) 蒸腾速率

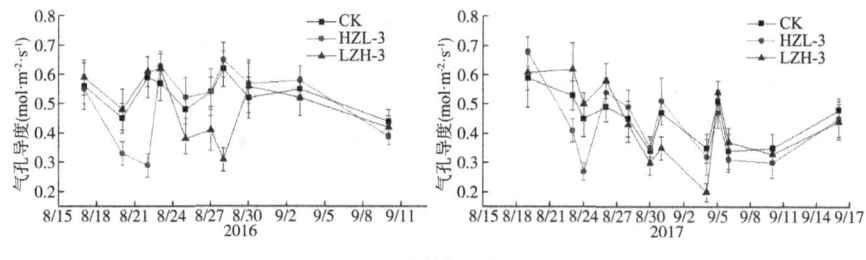

(c) 气孔导度

注：2016年、2017年HZL-3处理旱涝急转日分别为8月23日和8月25日，旱涝交替胁迫结束日分别为8月28日和8月30日；LZH-3处理涝结束日分别为8月23日和8月25日，旱涝交替胁迫结束日分别为8月27日和8月31日。

图3.10 抽穗开花期旱涝交替胁迫水稻光合和蒸腾指标逐日变化

（4）乳熟期水稻净光合速率和蒸腾速率逐日动态变化

乳熟期旱涝交替胁迫水稻光合、蒸腾和气孔导度指标逐日变化见图3.11。HZL-4处理前期旱胁迫水稻 P_n 和 T_r 随着时间的延长逐渐降低，最后（农田水位为 $-40\sim-50$ cm）分别较对照显著降低 $14.1\%\sim14.5\%$ 和 $35.8\%\sim48.2\%$（$P<0.05$），由旱转涝后，P_n 和 T_r 有所恢复，出现补偿效应，但小于对照，且随着涝胁迫时间的延长，与对照的差距逐渐加大。LZH-4处理前期涝胁迫使水稻 P_n 较对照降低 $2.4\%\sim14.7\%$，而前期涝胁迫初期使水稻 T_r 增加，涝胁迫后期（第5d）较对照显著（$P<0.05$）降低，涝结束后 P_n 和 T_r 有所恢复，而随着水分消耗转入旱胁迫，则逐渐降低，最后显著（$P<0.05$）小于对照。HZL-4和LZH-4处理旱涝交替胁迫结束后，P_n 和 T_r 分别较对照降低 $5.3\%\sim9.1\%$ 和 $1.9\%\sim11.5\%$，随着水稻生长发育进行，差距逐渐缩小。

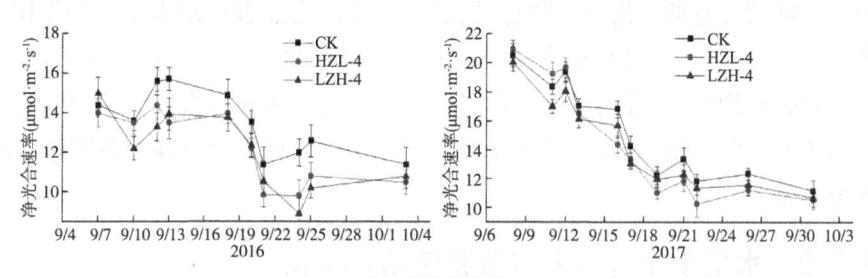

(a) 净光合速率

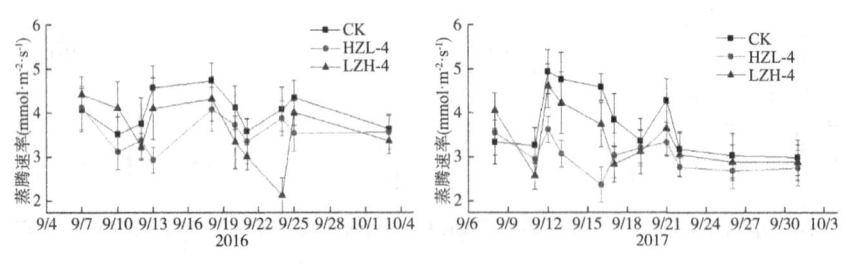

(b) 蒸腾速率

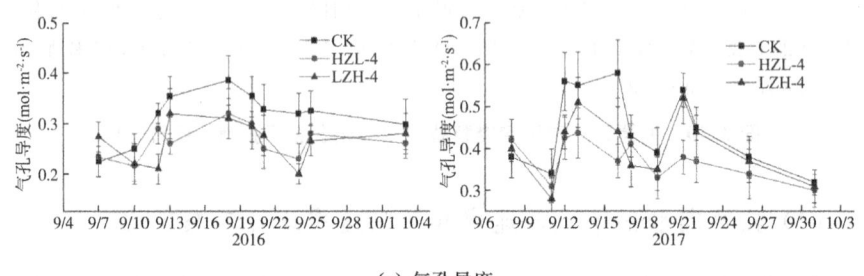

(c) 气孔导度

注：2016年、2017年HZL-4处理旱涝急转日分别为9月13日和9月15日，旱涝交替胁迫结束日分别为9月18日和9月20日；LZH-4处理涝结束日分别为9月14日和9月11日，旱涝交替胁迫结束日分别为9月21日和2017年9月16日。

图 3.11 乳熟期旱涝交替胁迫水稻光合和蒸腾指标逐日变化

综上所述，分蘖期旱涝交替胁迫期间会显著降低水稻 P_n 和 T_r，恢复正常水分管理后，P_n 和 T_r 会出现一定的补偿效应，但与对照差异不大。拔节孕穗期旱涝交替胁迫过程中，旱胁迫会显著抑制水稻光合作用和蒸腾作用，而涝胁迫对水稻光合作用和蒸腾作用具有一定的促进作用，恢复正常水分管理后，先旱后涝胁迫（HZL-2）处理对水稻光合作用和蒸腾作用有一定超补偿效应。抽穗开花期旱涝交替胁迫过程中，旱胁迫会显著抑制水稻光合作用和蒸腾作用，而涝胁迫对水稻光合作用和蒸腾作用也有一定的抑制作用，恢复正常水分管理后，会逐渐恢复正常。乳熟期旱涝交替胁迫会显著抑制水稻光合作用和蒸腾作用，恢复正常水分管理后，这种抑制还会持续一段时间才能恢复正常。

3.2.2 水稻净光合速率和蒸腾速率日变化

水稻光合作用与蒸腾作用随着影响它们的主要环境因子在一天中的变化呈现出明显的日变化规律，总体上均表现为早晨和傍晚较低，中午前后较高的走势。但在不同的水分条件下,水稻不同生育阶段光合作用与蒸腾作用的日变化规律也不一致。下面主要介绍旱末、涝末、旱涝急转当日几个典型日水稻净光合速率和蒸腾速率日变化。

(1) 分蘖期水稻净光合速率和蒸腾速率日变化

分蘖期旱涝交替胁迫典型日水稻 P_n 和 T_r 日变化见图 3.12 和图 3.13。

CK 和 HZL-1 处理旱末日水稻的 P_n 和 T_r 日变化趋势均呈双峰曲线,其中 HZL-1 处理 P_n 第一个峰值和谷值要比 CK 处理提前 1 小时左右,第二个峰值出现的时间基本同步,而 HZL-1 处理 T_r 两个峰值以及谷值与 CK 处理出现的时间基本同步。HZL-1 处理 P_n 与 T_r 的白天变化曲线整体上都低于 CK 处理,且上午及中午均显著($P<0.05$)低于 CK 处理。说明分蘖期较长时间的旱胁迫会显著降低水稻的净光合速率和蒸腾速率。

CK 和 LZH-1 处理涝末日水稻的 P_n 和 T_r 日变化呈晴天为双峰曲线,多云为单峰曲线(其中 P_n 呈平峰曲线)。晴天时 LZH-1 处理水稻 P_n 和 T_r 两个峰值和谷值与 CK 处理出现的时间基本同步,LZH-1 处理 P_n 和 T_r 值在中午之前均显著低于 CK 处理,T_r 的两个峰值明显低于 CK 处理,但谷值却明显高于 CK 处理;多云时 CK 和 LZH-1 处理水稻 P_n 在 10:00—14:00 处于较高的水平,峰值平缓,两处理无明显差异,而 T_r 值中午之前 LZH-1 处理明显小于 CK。LZH-1 处理 P_n 与 T_r 的白天变化曲线整体上都低于 CK 处理,说明分蘖期较长时间的涝胁迫同样会降低水稻的净光合速率和蒸腾速率。

HZL-1 处理旱涝急转当日水稻 P_n 和 T_r 日变化呈平峰和单峰曲线,CK 处理水稻 P_n 和 T_r 日变化均呈双峰曲线。HZL-1 处理的 P_n 与 T_r 的白天变化曲线除 CK 处理出现"午休"现象时短暂高于 CK 外,其他时间整体上都低于 CK 处理,说明分蘖期较长时间的旱胁迫后,虽然恢复水分供应,但前期的旱胁迫仍然影响着水稻的净光合速率和蒸腾速率。

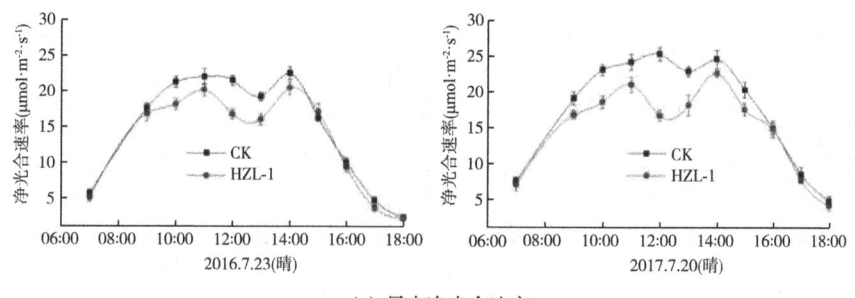

(a) 旱末净光合速率

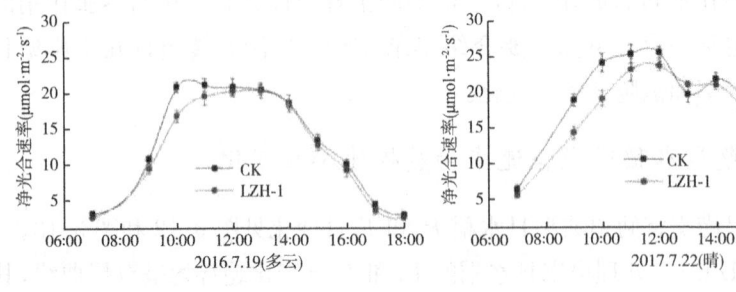

(b) 涝末净光合速率

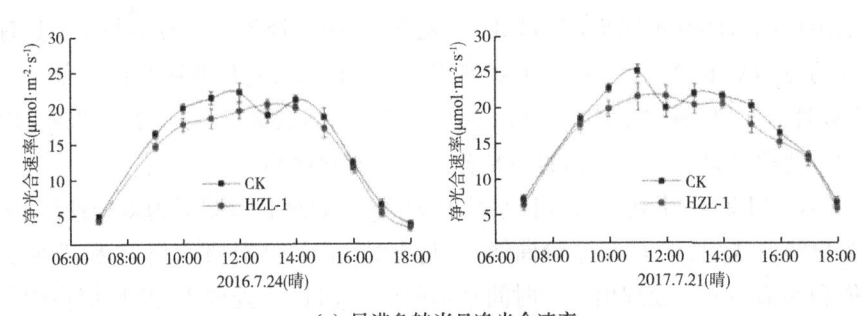

(c) 旱涝急转当日净光合速率

图 3.12 分蘖期旱涝交替胁迫水稻净光合速率日变化

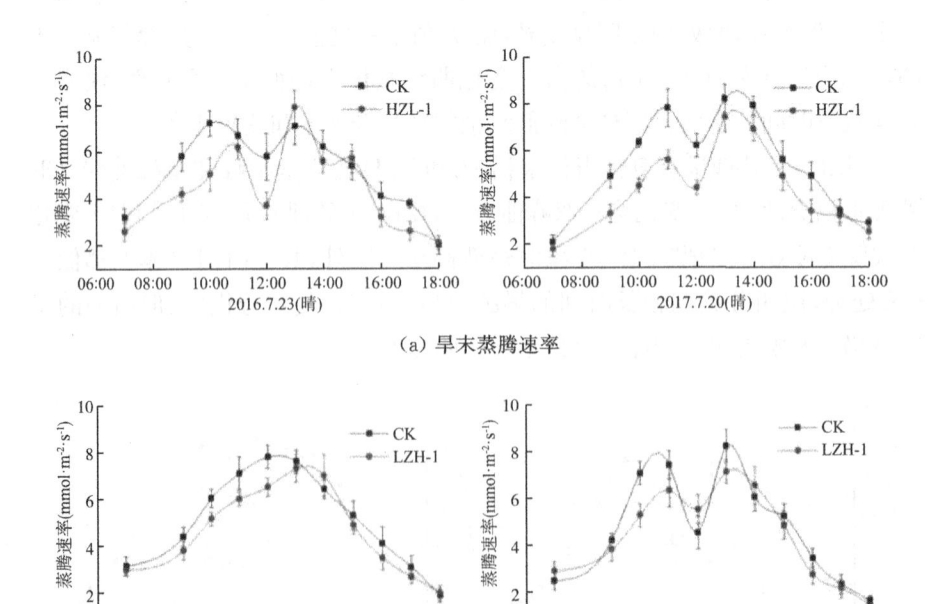

(a) 旱末蒸腾速率

(b) 涝末蒸腾速率

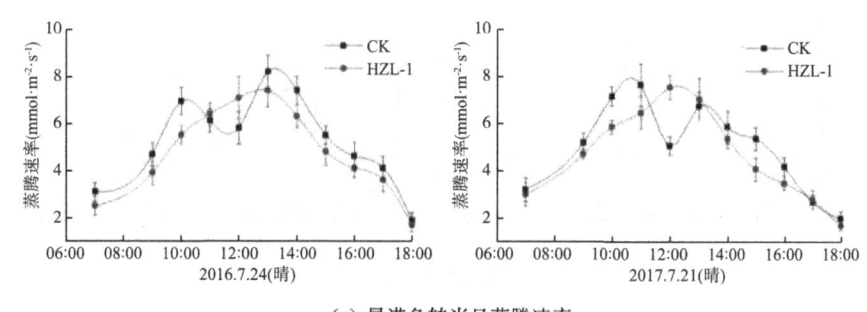

(c) 旱涝急转当日蒸腾速率

图 3.13　分蘖期旱涝交替胁迫水稻蒸腾速率日变化

(2) 拔节孕穗期水稻净光合速率和蒸腾速率日变化

拔节孕穗期旱涝交替胁迫典型日水稻 P_n 和 T_r 日变化见图 3.14 和图 3.15。

CK 和 HZL-2 处理旱末日水稻 P_n 和 T_r 的日变化趋势均呈双峰曲线，HZL-2 处理 P_n 第一个峰值及谷值明显小于 CK 处理，第二个峰值两者无明显差异；T_r 日变化两个处理的双峰值及谷值出现的时间基本同步，但数值 HZL-2 处理明显低于 CK 处理。说明拔节孕穗期较长时间的旱胁迫会显著降低水稻的净光合速率和蒸腾速率。

LZH-2 处理涝末日 P_n 和 T_r 日变化无论是晴天还是多云均呈单峰曲线，而 CK 处理 P_n 和 T_r 日变化晴天为双峰曲线，多云为单峰曲线。LZH-2 处理由于水分供应充足，田间湿度高，未出现中午高温时"光合午休"现象。LHZ-2 处理 P_n 与 T_r 的白天变化曲线整体上都高于 CK 处理，说明拔节孕穗期较长时间的涝胁迫有利于水稻的净光合速率和蒸腾速率。

HZL-2 处理旱涝急转当日水稻 P_n 和 T_r 日变化呈现为单峰曲线，CK 处理水稻 P_n 和 T_r 日变化呈现为双峰曲线。HZL-2 处理 P_n 与 T_r 的白天变化曲线整体上都高于 CK 处理，说明拔节孕穗期旱涝急转时，由于田间水分充足，水稻生理指标得到恢复，P_n 和 T_r 出现超补偿效应。

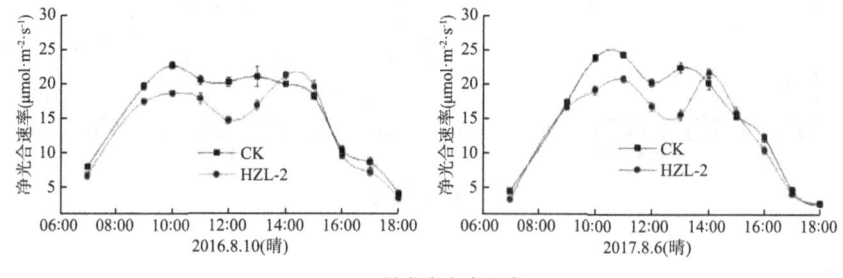

(a) 旱末净光合速率

(b) 涝末净光合速率

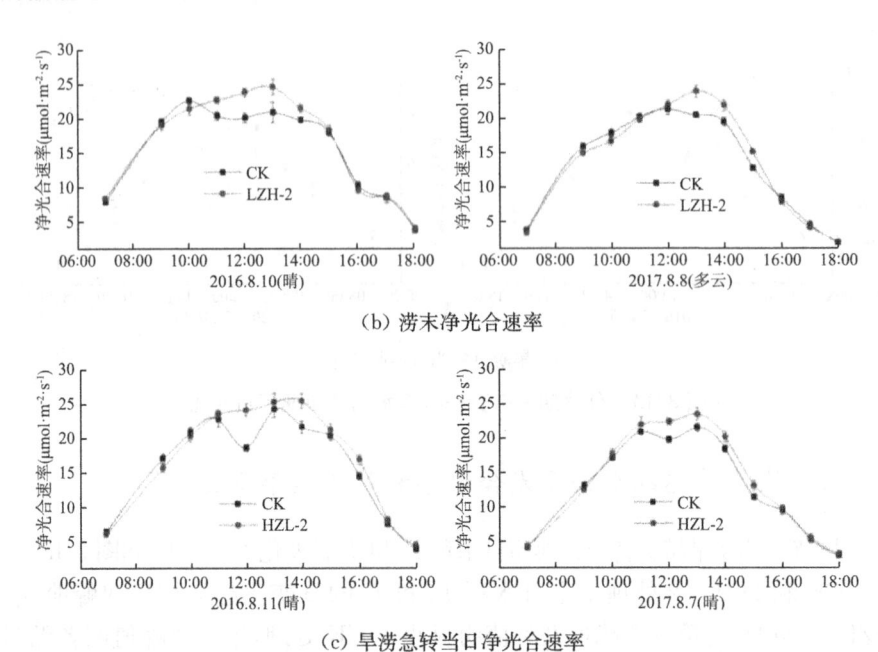

(c) 旱涝急转当日净光合速率

图 3.14 拔节孕穗期旱涝交替胁迫水稻净光合速率日变化

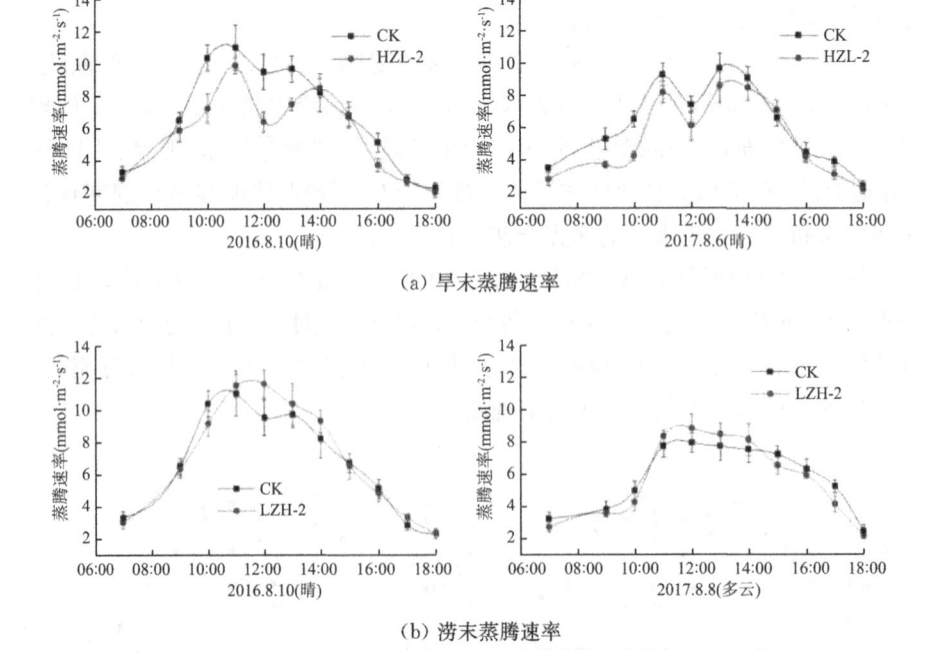

(a) 旱末蒸腾速率

(b) 涝末蒸腾速率

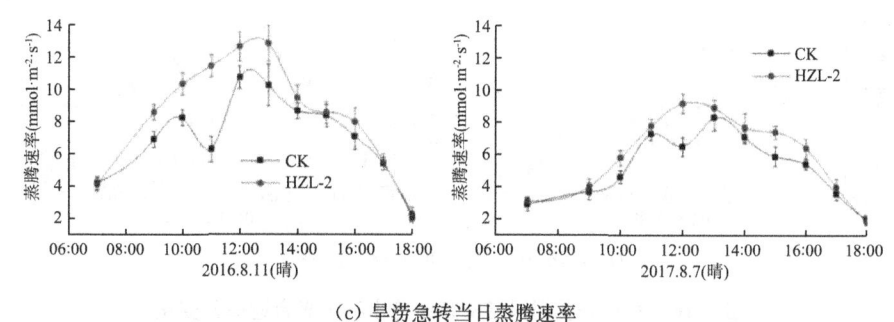

(c) 旱涝急转当日蒸腾速率

图 3.15　拔节孕穗期旱涝交替胁迫水稻蒸腾速率日变化

（3）抽穗开花期水稻净光合速率和蒸腾速率日变化

抽穗开花期旱涝交替胁迫典型日水稻 P_n 和 T_r 日变化见图 3.16 和图 3.17。

CK 和 HZL-3 处理旱末日水稻 P_n 和 T_r（除 2017 年外）的日变化趋势均呈双峰曲线，峰值与谷值出现的时间也基本同步，但 HZL-3 处理 P_n 与 T_r 的日变化曲线整体上都明显低于 CK 处理，说明抽穗开花期较长时间的旱胁迫会降低水稻的净光合速率和蒸腾速率。

LZH-3 处理涝末日 P_n 和 T_r 均呈单峰曲线，而 CK 处理 P_n 和 T_r（除 2017 年外）则呈双峰曲线，除了"光合午休"时段 LZH-3 处理 P_n 和 T_r 显著大于 CK 处理外，全天其他时间 P_n 和 T_r 与 CK 没有明显差别。说明抽穗开花期较长时间的涝胁迫对水稻的净光合速率和蒸腾速率影响不大。

HZL-3 处理旱涝急转日 P_n 和 T_r 基本呈现平峰（谷不明显）曲线，而 CK 处理 P_n 和 T_r 基本呈现双峰曲线。HZL-3 处理 P_n 的白天变化曲线整体上还是低于 CK 处理，而 T_r 的白天变化曲线整体上都高于 CK 处理，说明抽穗开花期旱涝急转后，田间水分充足，水稻生理指标得到恢复，T_r 出现超补偿效应，但 P_n 恢复要比 T_r 恢复得慢一些。

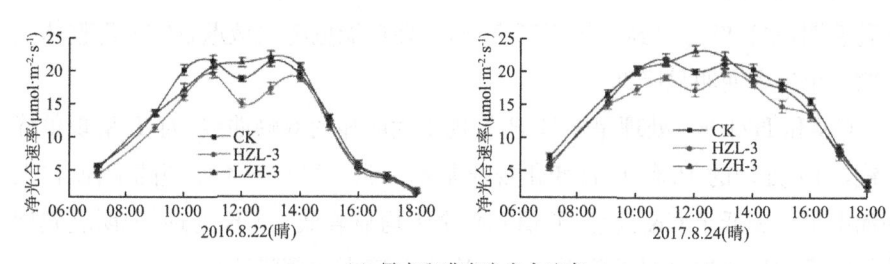

(a) 旱末和涝末净光合速率

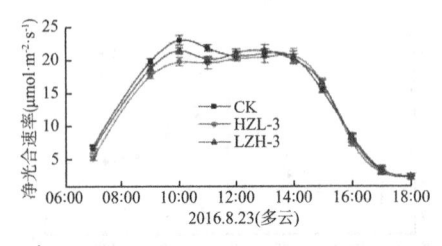

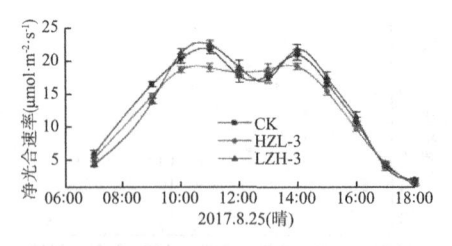

(b) 旱涝急转和涝结束当日净光合速率

图 3.16　抽穗开花期旱涝交替胁迫水稻净光合速率日变化

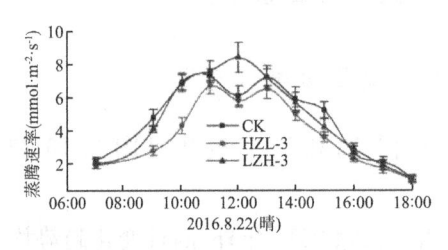

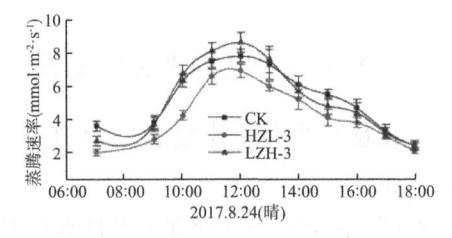

(a) 旱末和涝末蒸腾速率

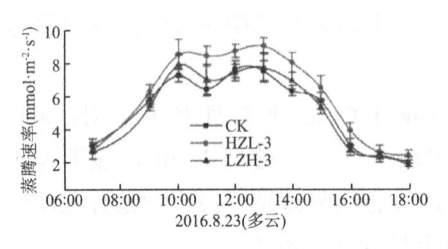

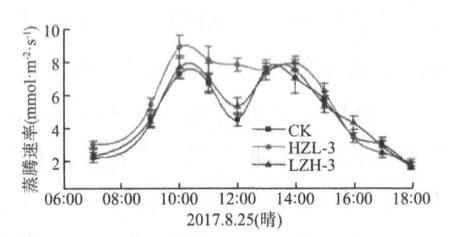

(b) 旱涝急转和涝结束当日蒸腾速率

图 3.17　抽穗开花期旱涝交替胁迫水稻蒸腾速率日变化

(4) 乳熟期水稻净光合速率和蒸腾速率日变化

乳熟期旱涝交替胁迫典型水稻 P_n 和 T_r 日变化见图 3.18 和图 3.19。进入乳熟期,水稻叶片已经开始逐渐衰老,生理功能也随之减退,P_n 与 T_r 整体上较前三个生育期明显降低。

CK 和 HZL-4 处理旱末日 P_n 呈现不太明显的双峰曲线,而 T_r 呈现单峰曲线,两个处理的 P_n 和 T_r 日变化规律基本一致。HZL-4 处理的 P_n 值在上午和中午显著低于 CK 处理,T_r 值几乎全天均显著低于 CK 处理,说明乳熟期较长时间的旱胁迫会显著降低水稻的净光合速率和蒸腾速率。

(a) 旱末净光合速率

(b) 涝末净光合速率

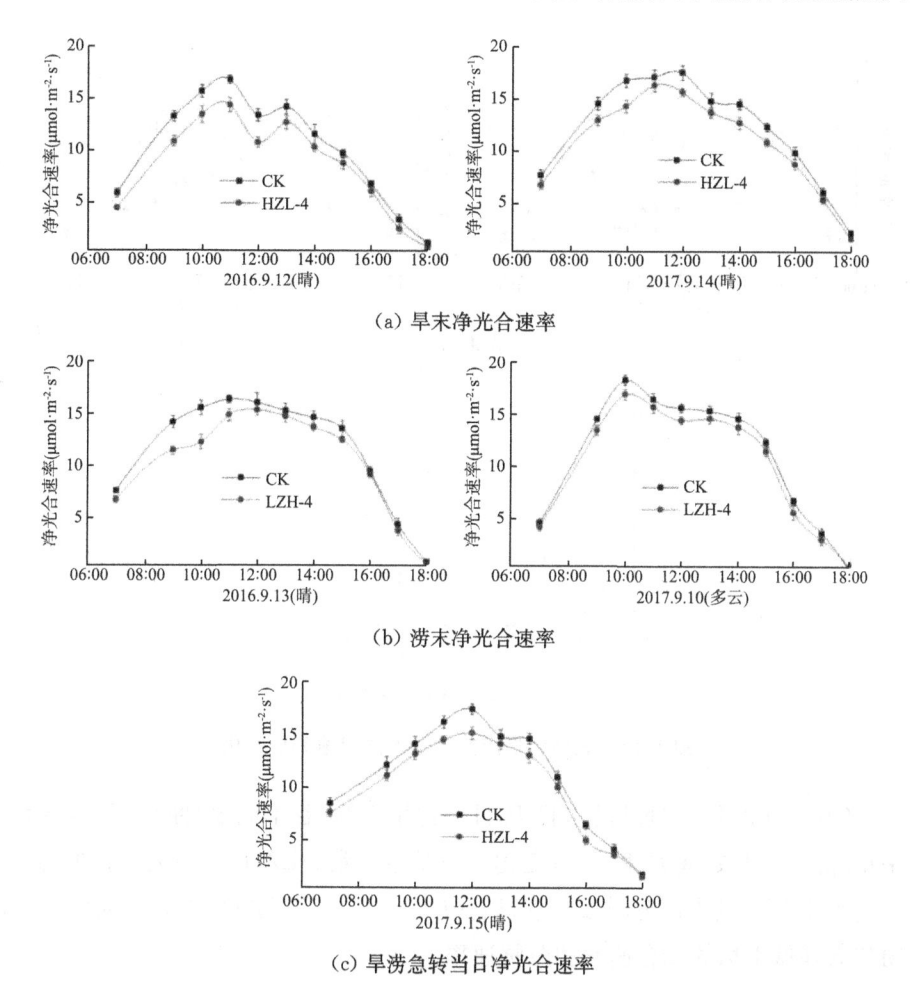

(c) 旱涝急转当日净光合速率

图3.18 乳熟期旱涝交替胁迫水稻净光合速率日变化

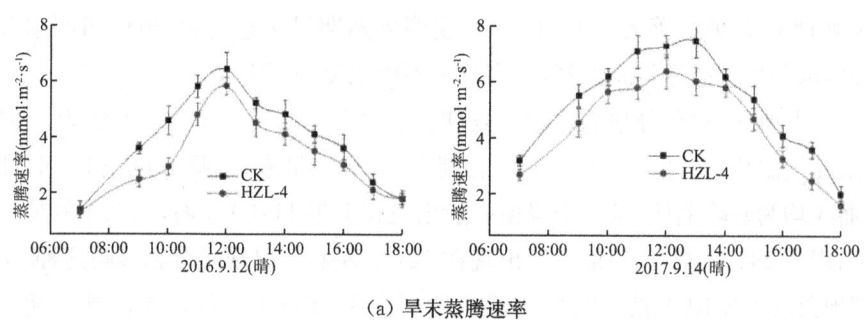

(a) 旱末蒸腾速率

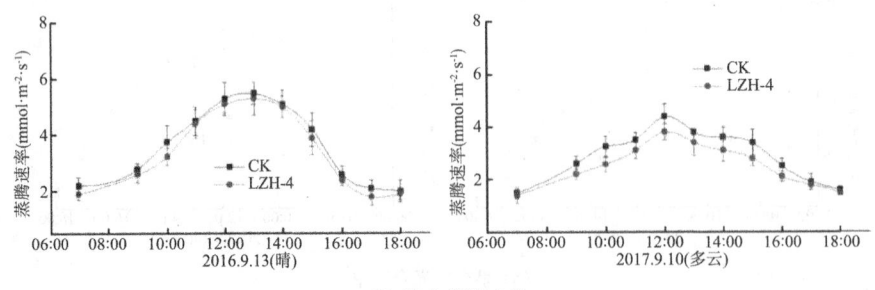

(b) 涝末蒸腾速率

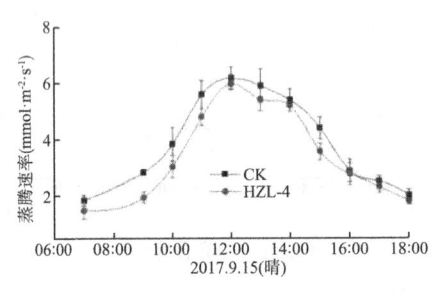

(c) 旱涝急转当日蒸腾速率

图 3.19 乳熟期旱涝交替胁迫蒸腾速率日变化

CK 和 LZH-4 处理涝末日 P_n 日变化呈平峰(谷不明显)曲线,T_r 日变化呈单峰曲线,两处理 P_n 和 T_r 日变化趋势基本一致。LZH-4 处理 P_n 和 T_r 全天均小于 CK,其中部分时段差别显著($P<0.05$)。说明乳熟期较长时间的涝胁迫会降低水稻的光合速率和蒸腾速率。

CK 和 HZL-4 处理旱涝急转日 P_n 和 T_r 日变化均呈单峰曲线,两处理 P_n 和 T_r 日变化趋势基本一致。HZL-4 处理 P_n 和 T_r 全天均小于 CK 处理,其中 CK 处理 P_n 峰值显著大于 HZL-4。说明乳熟期旱涝急转后,虽然田间水分充足,水稻生理指标得到恢复,但当日还不能恢复到 CK 水平。

综上所述,水稻分蘖期、拔节孕穗期、抽穗开花期正值 7—8 月份,晴天时日最高气温均超过 30℃,这三个生育期 HZL 处理旱末日(晴天)P_n 和 T_r 日变化曲线均为双峰曲线,第一个峰值一般出现在上午 11:00 左右,第二个峰值一般出现在 14:00 左右,谷值一般出现在 12:00 左右。出现光合和蒸腾这种"午休"现象的主要原因是该时期气温一般到上午 10:00 左右就会达到或超过 30℃,之后还会不断攀升,到 13:00 左右达到全天的最高温度,这段时间日照强、温度高、蒸腾大,水分补充不上,为防止叶片过分失水,水稻通过自身调节功能,主动降低叶片气孔开度,以降低蒸腾速率;同时由于气孔导度 G_s 降低,CO_2 供应不足以及光合产物来不及转运,也会限制光合作用的进行,降低光合速率;为防止持续高温灼伤叶片,12:00 以后叶片气孔将再次打开,T_r 和 P_n 再次上升,在 14:00 左右达到第二个峰值,之后随着光照、温度的下降而逐渐下降。水稻乳熟期已进入 9 月份,出现 30℃ 以上的高温天气较少,该期旱末日 P_n 和 T_r 日变化曲线基本为单峰曲线,峰值也基本上与当天最高气温同步,一般出现在中午 12:00 左右。与水分供应正常的 CK 处理相比,HZL 各处理旱末日 P_n 和 T_r 值在中午前后均显著降低,说明水稻在分蘖期、拔节孕穗期、抽穗开花期以及乳熟期较长时间的旱胁迫会显著降低水稻的净光合速率和蒸腾速率。

各生育期 LZH 处理涝末日(晴天)P_n 和 T_r 日变化曲线,除分蘖期为双峰曲线外,其他生育期均为单峰曲线。水稻分蘖期正值 7 月中下旬,是一年气温最高的季节,涝末日虽然田间水分充足,但由于气温过高(一般日最高气温超过 35℃),仍会出现光合和蒸腾"午休"现象。由于较长时间涝胁迫抑制了水稻生理生长,使得 P_n 和 T_r 值总体上低于 CK 处理,但其谷值却高于 CK,原因是过湿的水分环境使得光合和蒸腾的"午休"程度降低。已有的研究表明,涝胁迫会产生低氧、低光环境,引起作物生理生长及代谢过程发生变化,限制作物的光合作用和呼吸作用。本试验也表明,水稻在分蘖期、拔节孕穗期、抽穗开花期以及乳熟期较长时间的涝胁迫会降低水稻的净光合速率和蒸腾速率。

各生育期 HZL 处理旱涝急转日 P_n 的日变化曲线为平峰或单峰,T_r 的日变化曲线为单峰曲线,其峰值与当日最高温度出现的时间基本一致。分蘖期除 CK 处理出现"午休"现象时短暂高于 CK 外,其他时间整体上都低于 CK 处理;拔节孕穗期 P_n 与 T_r 的日变化曲线整体上都高于 CK 处理;抽穗开花期 P_n 的日变化曲线整体上还是低于 CK 处理,而 T_r 的日变化曲线整体上都高于 CK 处理;乳熟期 P_n 和 T_r 小于 CK 处理。产生这些现象的原因主要是:分蘖期为水稻营养生长期,较长时间旱胁迫抑制了水稻各种生理代谢过程,降低了各种酶的活性,虽然恢复水分供应但短时间内光合和蒸腾指标还不能恢复正常;拔节孕穗期为水稻营养生长向生殖生长的转换期,较长时间的旱胁迫虽然抑制了地上部分的生长,但促进了地下根系的生长,恢复水分供应后在很短的时间内光合和蒸腾指标就能得到恢复甚至超过 CK 的水平;抽穗开花期是水稻生殖生长的旺盛期,较长时间的旱胁迫会降低水稻各种酶的活性,促使叶片叶绿素含量降低,恢复供水后这些生理指标短时间内难以恢复,因而光合指标在短时间内难以恢复到正常水平,而水分充足时,叶片气孔导度能及时恢复,因此蒸腾指标会出现超补偿现象;乳熟期是水稻生殖生长的重要时期,但其生命活力已进入衰退期,较长时间的旱胁迫会加速水稻各器官的衰退,恢复供水后在短时间内难以恢复,所以光合和蒸腾指标不能及时恢复正常。至于各生育期旱涝急转时 P_n 与 T_r 均未出现"午休"现象的原因主要是:旱后复水后田面水层较深,有效地提高了田间湿度、降低了田间温度,尽管中午日照强、温度高、蒸腾大,但由于田间水分供应充足,气孔导度仍能保持在最高水平,所以 T_r 也处于最高水平,同时由于前期的旱胁迫降低了光合作用,使水稻光合产物积累不足,此时的光合产物转运及时,P_n 也保持在最高水平。

本章参考文献

[1] Zhu C, Ziska L H, Sakai H, et al. Vulnerability of lodging risk to elevated CO_2 and increased soil temperature differs between rice cultivars [J]. European Journal of Agronomy, 2013, 46(3): 20-24.

[2] Rang Z W, Jagadish S V K, Zhou Q M, et al. Effect of high temperature and water stress on pollen germination and spikelet fertility in rice [J]. Environmental and Experimental Botany, 2011, 70(1): 58-65.

[3] 王斌,周永进,许有尊,等. 不同淹水时间对分蘖期中稻生育动态及产量的影响[J]. 中国稻米, 2014, 20(1): 68-72, 75.

[4] Kato Y, Okami M. Root growth dynamics and stomatal behavior of rice (Oryza sativa L.) grown under aerobic and flooded conditions[J]. Field Crops Research, 2010, 117(1): 9-17.

[5] 凌启鸿,苏祖芳,张海泉. 水稻成穗率与群体质量的关系及其影响因素的研究[J]. 作物学报, 1995, 21(4): 463-469.

[6] 王夫玉,黄丕生. 水稻群体茎蘖消长模型及群体分类研究[J]. 中国农业科学, 1997, 30(1): 58-65.

[7] 杨沈斌,陈德,王萌萌,等. ORYZA2000 模型与水稻群体茎蘖动态模型的耦合[J]. 中国农业气象, 2016, 37(4): 422-430.

[8] 王振昌,郭相平,吴梦洋,等. 旱涝交替胁迫条件下粳稻株高生长模拟与分析[J]. 中国农村水利水电, 2016, 2016(9): 50-56.

[9] Setter T L, Laureles E V, Mazaredo A M. Lodging reduces yield of rice by self-shading and reductions in canopy photosynthesis[J]. Field Crops Research, 1997, 49(2): 95-106.

[10] 彭世彰, 张正良, 庞桂斌. 控制灌溉条件下寒区水稻茎秆抗倒伏力学评价及成因分析[J]. 农业工程学报, 2009, 25(1): 6-10.

[11] Vera C L, Duguid S D, Fox S L, et al. Short Communication: comparative effect of lodging on seed yield of flax and wheat[J]. Canadian Journal of Plant Science, 2012, 92(1): 39-43.

[12] 赵振东, 赵宏伟, 邹德堂, 等. 分蘖期冷水胁迫对水稻生长及产量的影响[J]. 灌溉排水学报, 2015, 34(11): 30-34.

[13] 肖梦华, 胡秀君, 褚琳琳. 水稻株高生长对旱涝交替胁迫的动态响应研究[J]. 节水灌溉, 2015, 2015(9): 15-18.

[14] 郭相平, 黄双双, 王振昌, 等. 不同灌溉模式对水稻抗倒伏能力影响的试验研究[J]. 灌溉排水学报, 2017, 36(5): 1-5.

[15] Ohe M, Okita N, Daimon H. Effects of deep-flooding irrigation on growth, canopy structure and panicle weight yield under different planting patterns in rice[J]. Plant Production Science, 2010, 13(2): 193-198.

[16] Nishiuchi S, Yamauchi T, Takahashi H, et al. Mechanisms for coping with submergence and waterlogging in rice[J]. Rice, 2012, 5(1): 2.

[17] 杨长明, 杨林章, 颜廷梅, 等. 不同养分和水分管理模式对水稻抗倒伏能力的影响[J]. 应用生态学报, 2004, 15(4): 646-650.

[18] 王振昌, 郭相平, 吴梦洋, 等. 旱涝交替胁迫条件下粳稻株高生长模拟与分析[J]. 中国农村水利水电, 2016, 2016(9): 50-56.

[19] 郑立飞, 赵惠燕, 刘光祖. Richards模型的推广研究[J]. 西北农林科技大学学报(自然科学版), 2004, 32(8): 107-110.

[20] 徐英, 周明耀, 薛亚锋. 水稻叶面积指数和产量的空间变异性及关系研究[J]. 农业工程学报, 2006, 22(5): 10-14.

[21] 郝树荣, 郭相平, 张展羽, 等. 水稻根冠功能对水分胁迫及复水的补偿响应[J]. 农业机械学报, 2010, 41(5): 52-55.

[22] Vamerali T, Guarise M, Ganis A, et al. Effects of water and nitrogen management on fibrous root distribution and turnover in sugar beet[J]. European Journal of Agronomy, 2009, 31(2): 69-76.

[23] 陶敏之,俞双恩,叶兴成. 农田水位调控对水稻根系活力和产量的影响[J]. 中国农村水利水电,2014,2014(10):73-75.

[24] 魏永霞,侯景翔,郑恩楠,等. 不同水分管理旱直播水稻生长生理与节水效应[J]. 农业机械学报,2018,47(7):1-14.

[25] 汪妮娜,黄敏,陈德威,等. 不同生育期水分胁迫对水稻根系生长及产量的影响[J]. 热带作物学报,2013,34(9):1650-1656.

[26] 蔡昆争,吴学祝,骆世明,等. 抽穗期不同程度水分胁迫对水稻产量和根叶渗透调节物质的影响[J]. 生态学报,2008,28(12):6148-6158.

[27] 潘瑞炽,董愚得. 植物生理学[M]. 北京:高等教育出版社,2004.

[28] 陆红飞,郭相平,甄博,等. 旱涝交替胁迫条件下粳稻叶片光合特性[J]. 农业工程学报,2016,32(8):105-112.

[29] 王矿,王友贞,汤广民. 水稻在拔节孕穗期对淹水胁迫的响应规律[J]. 中国农村水利水电,2016,2016(9):81-87.

[30] Zhu D, Zhang H, Guo B, et al. Effects of nitrogen level on yield and quality of japonica soft super rice[J]. Journal of Integrative Agriculture, 2017, 16(5): 1018-1027.

[31] Reavis C W, Suvocarev K, Reba M L, et al. Impacts of alternate wetting and drying and delayed flood rice irrigation on growing season evapotranspiration[J]. Journal of Hydrology, 2021, 596: 126080.

[32] Mboyerwa P A, Kibret K, Mtakwa P W, et al. Evaluation of growth, yield, and water productivity of paddy rice with water-saving irrigation and optimization of nitrogen fertilization[J]. Agronomy, 2021, 11(8): 1629.

第四章
旱涝交替胁迫对水稻需水特性的影响

作物需水量是指作物在适宜的土壤水分和肥力条件下，经过正常生长发育，获得高产时的植株蒸腾、棵间蒸发以及构成植株体的水量之和。控制灌排条件下水稻经常受到旱涝交替胁迫，其需水特性与充分灌溉时有较大差异，研究水稻不同生育期旱涝交替胁迫的需水变化规律，分析控制灌排条件下水稻需水特性，对完善水稻灌排理论具有重要意义。

4.1 旱涝交替胁迫稻田土壤水分变化特征

稻田水分主要来源于降雨和灌溉，消耗于植株蒸腾、棵间蒸发和田间渗漏。当稻田有水层或虽无水层但根层土壤含水量高于田间持水量时，地表水和土壤水不仅供水稻需水，而且还会向下渗漏补给地下水；当稻田无水层且根层土壤含水量低于田间持水量时，土壤水在供水稻需水的同时还接受浅层地下水通过土壤毛细管向上的补给。因此，稻田土壤水与地表水、浅层地下水有着紧密的水力联系。田面有水层时水稻根层土壤始终处于饱和状态，田间耗水量主要体现在田面水层深度的变化；田面无水层时，田间耗水量主要由根层土壤水分来满足，在耗水过程中根层土壤水分会逐渐降低，稻田浅层地下水由于不断补充根层土壤水也会逐渐下降。下面利用试验监测资料，分析田面无水层时水稻各生育期根层土壤水分变化特征。

田面无水层时，受作物蒸腾、棵间蒸发的影响，0～20 cm 和 20～40 cm 土层的土壤含水量均随地下水位的下降而降低，见图 4.1。当地下水位埋深为 50 cm 时，分蘖期、拔节孕穗期、抽穗开花期和乳熟期 0～20 cm 土层土壤含水量在 2015 年分别为饱和含水量的 65.06%、61.41%、59.90%、71.40%，在

2016年分别为饱和含水量的69.50%、65.00%、61.66%、72.43%,两年平均表现为乳熟期>分蘖期>拔节孕穗期>抽穗开花期;20~40 cm土层土壤含水量在2015年分别为饱和含水量的76.78%、75.01%、74.00%、75.57%,在2016年分别为饱和含水量的78.52%、75.71%、74.32%、79.01%,两年平均表现为分蘖期>乳熟期>拔节孕穗期>抽穗开花期。0~20 cm表层土壤需要提供水稻生长所需的腾发量,而通过上升毛管水补给到表层的土壤水随着地下水位的下降而减少,在耗多补少的情况下,土壤含水量逐渐下降。拔节孕穗期和抽穗开花期是水稻需水最旺盛时期,因此土壤含水量的下降速度比分蘖期和乳熟期要快;而乳熟期水稻需水强度下降,同时该期水稻根系扎得较深,为上升毛管水补充表层土壤水提供了通道,因此表层土壤含水量下降速度最慢。20~40 cm土层土壤含水量也是随着地下水位(地下水位埋深大于20 cm)下降而降低,但其下降速度比0~20 cm土层含水量下降缓慢。主要原因是该层土壤主要供根系吸水,棵间蒸发散失水量较小,且离地下水位较近,能得到地下水的补充。分蘖期水稻根系主要分布在表层,几乎吸收不到20~40 cm土层的水分。拔节孕穗之后水稻根系逐渐下扎,尽管根系分布

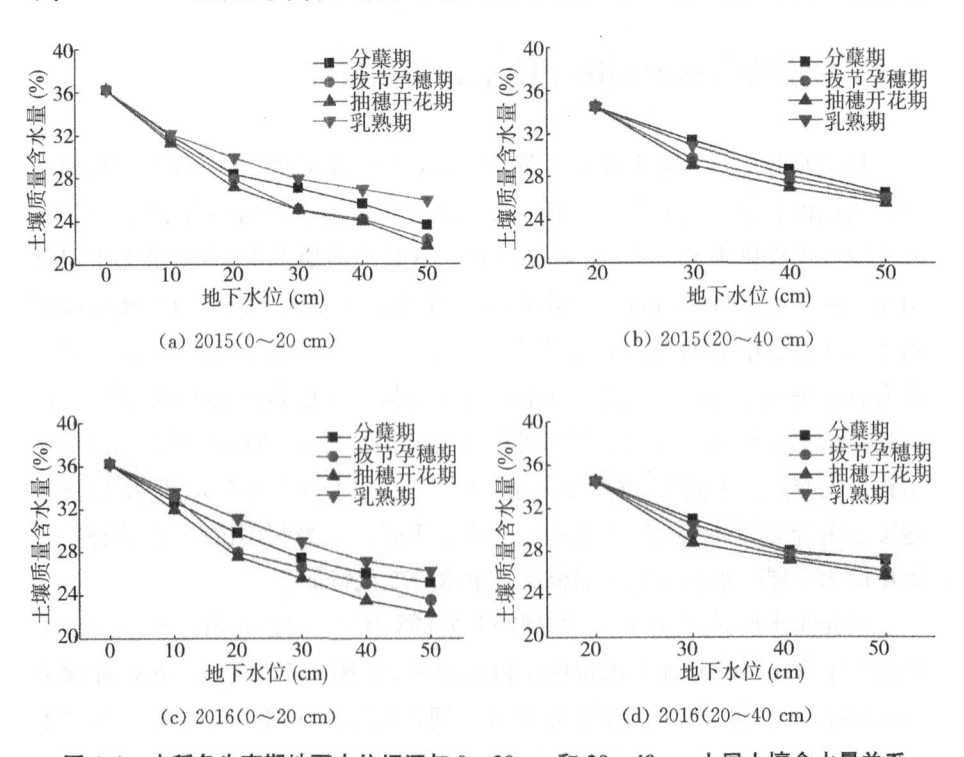

图4.1 水稻各生育期地下水位埋深与0~20 cm和20~40 cm土层土壤含水量关系

在表层的比例较大,但在旱胁迫的影响下也有相当数量的根系伸展到20～40 cm的土层,吸收该层的水分。由于乳熟期的水稻需水强度要小于拔节孕穗期和抽穗开花期,在该层吸收的水量也会减少。因此在地下水位埋深大于30 cm后,各生育期20～40 cm土层土壤含水量大小依次是分蘖期、乳熟期、拔节孕穗期、抽穗开花期。

水稻根层土壤的水分状况对水稻的生长有着重要的影响,已有的研究表明淹灌条件下水稻根系生长范围主要分布在土壤耕作层,干湿交替条件下水稻的根系会向下延伸,但主要分布在0～50 cm土层中,所以水稻受旱时0～20 cm和20～40 cm土层的土壤含水量较能反映水稻根区的水分状况。根据2015—2016年实测地下水位埋深与根层土壤含水量的关系,在水稻各生育期分别建立0～20 cm和20～40 cm土层土壤含水量与地下水位埋深的拟合方程,最终确定的关系公式为一元二次多项式的形式,表达式为:

$$\theta = a \times H^2 + b \times H + c \qquad (4\text{-}1)$$

式中:θ—地表无水层时0～20 cm或20～40 cm土层的土壤含水量(占干重),%;H—受旱时田面无水层时农田水位(为负值),cm;a、b、c为参数。各生育期拟合参数见表4.1。

表4.1 各个生育期稻田农田水位-土壤含水量指数模型拟合参数

土层	生育阶段	模型参数 a	模型参数 b	模型参数 c	统计参数 r	统计参数 F
0～20 cm	分蘖期	0.003 5	0.405 1	36.12	0.983 1	93.1
	拔节孕穗期	0.004 2	0.474 0	36.29	0.979 7	56.0
	抽穗开花期	0.004 5	0.502 3	36.13	0.992 9	141.5
	乳熟期	0.002 8	0.341 0	36.15	0.982 8	128.5
20～40 cm	分蘖期	0.004 5	0.577 1	44.26	0.992 9	250.3
	拔节孕穗期	0.008 5	0.871 4	48.42	0.991 8	240.1
	抽穗开花期	0.010 3	1.003 2	50.29	0.981 1	92.1
	乳熟期	0.006 4	0.708 7	46.14	0.983 6	150.1

由拟合结果可知各生育期拟合模型的F统计量均大于$F_{0.05}(2,8)=19.37$,认为一元二次多项式模型在$a=0.05$水平上是显著的,一元二次多项式模型的相关系数r达到0.9以上,拟合程度很好,说明一元二次多项式能很好地反映水稻各个生育期受旱过程中农田水位与根系层土壤含水量之间的变化关系。

4.2 水稻需水量计算

根据水量平衡原理计算水稻需水量。

测坑田面有水层时水稻需水量计算公式：

$$ET = H_1 - H_2 + P + I - R_f - D_p \tag{4-2}$$

式中：ET—时段内水稻需水量，mm；H_1—时段初农田水位值，mm；H_2—时段末农田水位值，mm；P—时段内降雨量，mm；I—时段内灌水量，mm；R_f—地表径流流失量，mm；D_p—田间渗漏量，mm。

测坑田面无水层的时水稻需水量计算公式：

$$ET = W_1 - W_2 + P + I \tag{4-3}$$

$$W_1 = (Z - |H_1|) \times \theta_{v饱和} + |H_1| \times \theta_{v1} \tag{4-4}$$

$$W_2 = (Z - |H_2|) \times \theta_{v饱和} + |H_2| \times \theta_{v2} \tag{4-5}$$

式中：W_1—时段初测坑内土壤总水量，mm；W_2—时段末测坑内土壤总水量，mm；$\theta_{v饱和}$—地下水位以下土壤平均饱和含水量(体积含水量)，%；θ_{v1}—时段初地下水位以上土壤平均含水量(体积含水量)，%；θ_{v2}—时段末地下水位以上土壤平均含水量(体积含水量)，%；Z—测坑土层厚度，mm。

4.3 单个生育期旱涝交替胁迫水稻需水量逐日变化

4.3.1 分蘖期水稻需水量逐日变化

分蘖期LZH-1、HZL-1处理农田水位和水稻需水量逐日变化见图4.2。LZH-1处理涝胁迫期间的需水量均小于CK，尤其是在耗水量较大的晴天，其日需水量较CK降低最大幅度为33.3%，说明分蘖期先涝胁迫会降低水稻日需水量，产生这种现象的原因一是分蘖期冠层覆盖度较低，棵间蒸发是水稻需水量主要部分，而深水层温度较浅水层低，棵间(水面)蒸发减小；二是受淹导致水稻分蘖生长减缓，腾发量也会降低。LZH-1处理受涝结束后2 d内日需水量较CK增加10.1%~35.8%，出现超补偿效应，原因是涝水排除后，地表湿润、温度升高，棵间蒸发增大，同时水稻分蘖活力恢复，水稻蒸腾量也

第四章
旱涝交替胁迫对水稻需水特性的影响

相应增大。HZL-1 和 LZH-1 处理在旱胁迫末期日需水量分别较 CK 降低最大幅度为 35.7%（2017 年）～50.0%（2016 年）和 34.0%（2016 年）～44.3%（2017 年），说明分蘖期旱胁迫会降低水稻需水量。HZL-1 处理旱涝急转后，水稻日需水量有所恢复，出现一定的补偿效应，但随着淹水时间的延续，涝胁迫抑制了水稻分蘖，降低了根层土壤的通透性，到涝胁迫末期其日需水量较 CK 降低最大幅度为 37.5%（2016 年）～40.0%（2017 年）。HZL-1 和 LZH-1 处理旱涝交替胁迫结束后两处理的水稻日需水量都得到不同程度的恢复，但短期内还是小于 CK，说明水稻分蘖期旱涝交替胁迫不仅会降低旱涝胁迫期间的水稻需水量，而且由于群体数量的明显减少（见第三章表 3.2），后期需水量也会降低。

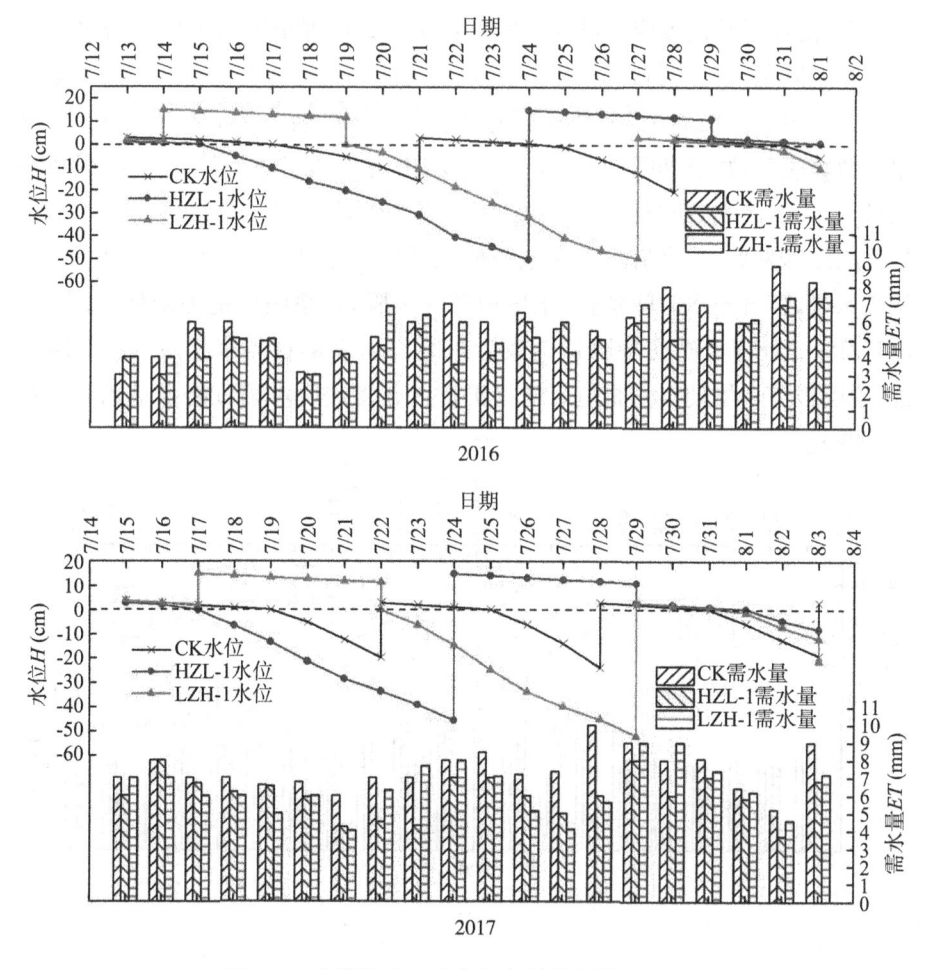

图 4.2 分蘖期农田水位和水稻需水量逐日变化

4.3.2 拔节孕穗期水稻需水量逐日变化

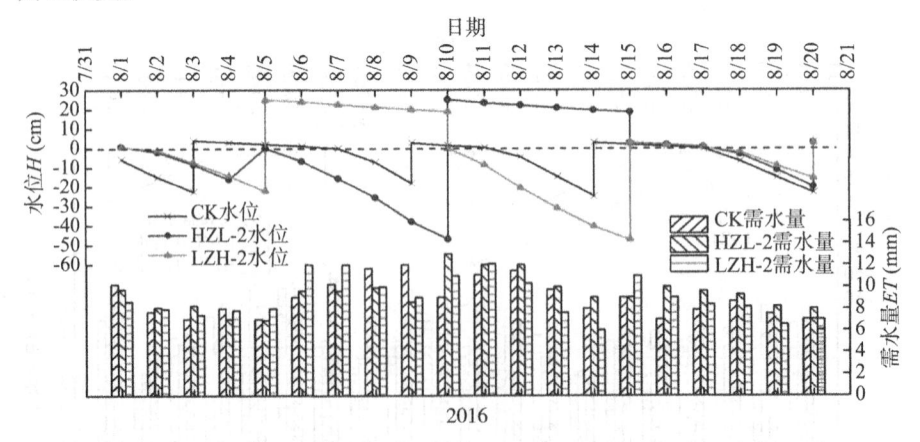

拔节孕穗期LZH-2、HZL-2处理农田水位和水稻需水量逐日变化见图4.3。LZH-2处理涝胁迫前期（前3d左右）日需水量较CK最大增加33.3%，涝胁迫到第5d时日需水量的较CK降低20.8%~25.0%，说明该期短时间涝胁迫会增加水稻日需水量，而随着涝胁迫时间的延长则会对水稻日需水量产生抑制作用。原因是水稻拔节孕穗期需水量以植株蒸腾为主，短暂淹水会促进水稻茎节的伸长，加快叶片与叶鞘生长，扩大蒸腾面积，增强蒸腾作用；长时间的淹水使土壤通气性变差，水稻根系活力受损而降低根系吸水能力。LZH-2处理在受涝结束后2~3d内，日需水量较CK增加8.5%~22.4%，出现了补偿效应。HZL-2和LZH-2处理旱胁迫末期日需水量分别较CK降低13.6%（2017年）~29.1%（2016年）和25.0%（2016年）~28.6%（2017年），说明拔节孕穗期旱胁迫会降低水稻需水量。HZL-2处理旱涝急转后，涝胁迫期间水稻日需水量较CK增加2.9%~44.4%，出现超补偿效应，但随淹水时间延长增幅减小，主要原因是前期的旱胁迫促进了水稻根系向纵深发展，淹水后由于水分充足，水稻根系的吸水能力增强，提高了水稻需水量，随着淹水时间延长，土壤通透性下降，根系吸水能力降低。LZH-2、HZL-2处理旱涝交替胁迫结束后短时间内水稻日需水量较CK有所增加，说明拔节孕穗期旱涝胁迫后恢复正常水分管理后水稻日需水量能得到补偿和恢复。

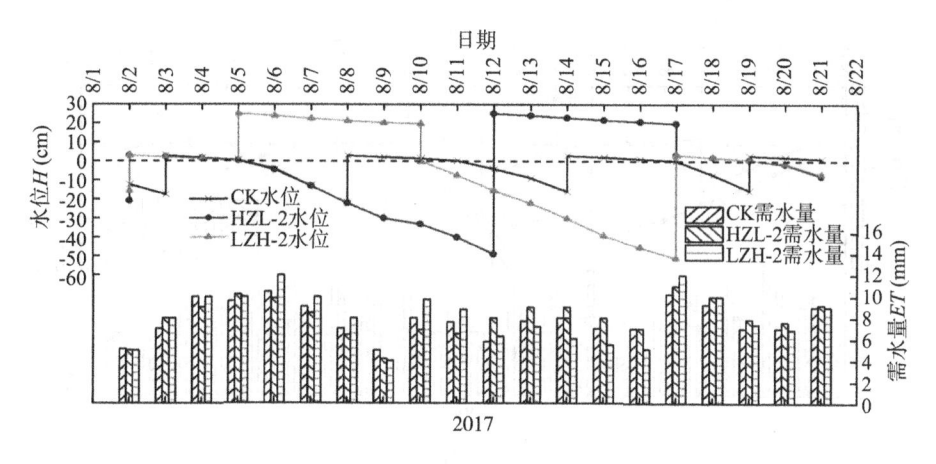

图 4.3　拔节孕穗期农田水位和水稻需水量逐日变化

4.3.3　抽穗开花期水稻需水量逐日变化

抽穗开花期 LZH-3、HZL-3 处理农田水位和水稻需水量逐日变化见图 4.4。LZH-3 处理在涝胁迫期间水稻日需水量始终大于 CK，最大增加 23.3%，原因是抽穗开花期是生殖生长的重要时期，水稻根系生长也基本完成，需要的水分较多，淹水保证了充足的水分，促进了水稻生长发育。HZL-3 和 LZH-3 处理旱胁迫末期水稻日需水量分别较 CK 降低 50.7%(2017 年)~52.9%(2016 年)和 35.5%(2016 年)~45.6%(2017 年)，说明抽穗开花期旱胁迫对水稻需水产生了明显的抑制作用。HZL-3 处理旱涝急转后，短时间(3 d)内水稻需水量较 CK 增加 7.6%~28.6%，出现补偿效应，但随着涝胁迫时间延长至第 5 d 日，其日需水量较 CK 降低 25.0%~29.4%，与 LZH-3 处理涝胁迫期间水稻日需水量高于 CK 处理不同。产生这种现象的原因可能与前期旱胁迫使得表层土壤根系老化活力降低有关。由于抽穗开花期是水稻需水关键期，水分供应不足会导致水稻减产，因此在该生育期应保证水稻需水并尽量减少旱胁迫的时间。

4.3.4　乳熟期水稻需水量逐日变化

乳熟期 LZH-4、HZL-4 处理农田水位和水稻需水量逐日变化见图 4.5。LZH-4 处理涝胁迫期间水稻日需水量均高于 CK 处理，最大增幅达 33.5%，说明乳熟前期淹水胁迫会增大水稻需水量。HZL-4 和 LZH-4 处理在旱胁

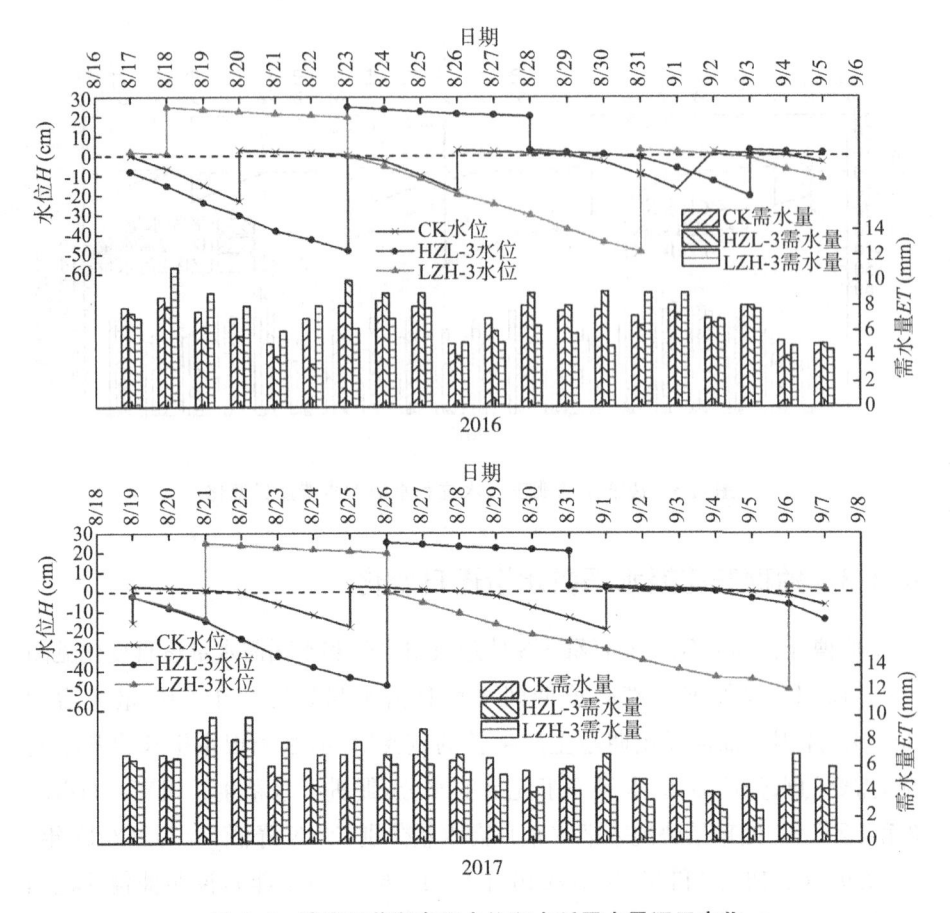

图 4.4　抽穗开花期农田水位和水稻需水量逐日变化

迫末期日需水量较 CK 分别降低 26.3%（2017 年）～27.5%（2016 年）和 26.7%（2016 年）～38.3%（2017 年），说明乳熟期旱胁迫对水稻需水产生了抑制作用。HZL-4 处理旱涝急转后，短时间（1～2 d）内有补偿效应，随着淹水时间的延长日需水量逐渐降低，至涝胁迫末期日需水量要比 CK 降低 25%（2016 年）～33%（2017 年），与 LZH-4 处理涝胁迫期间水稻日需水量高于 CK 处理不同。其原因是乳熟期水稻根系已进入老化期，前期的旱胁迫使上层土壤根系老化，下层土壤根系通气状况虽然得到改善，但随着淹水时间延长，土壤通透性降低，水稻根系吸水能力下降。LZH-4 和 HZL-4 处理旱涝交替胁迫结束后日需水量均小于 CK，其原因都是旱涝交替胁迫加快了乳熟期水稻根系衰老，并产生不可逆的影响，导致水稻需水量降低。

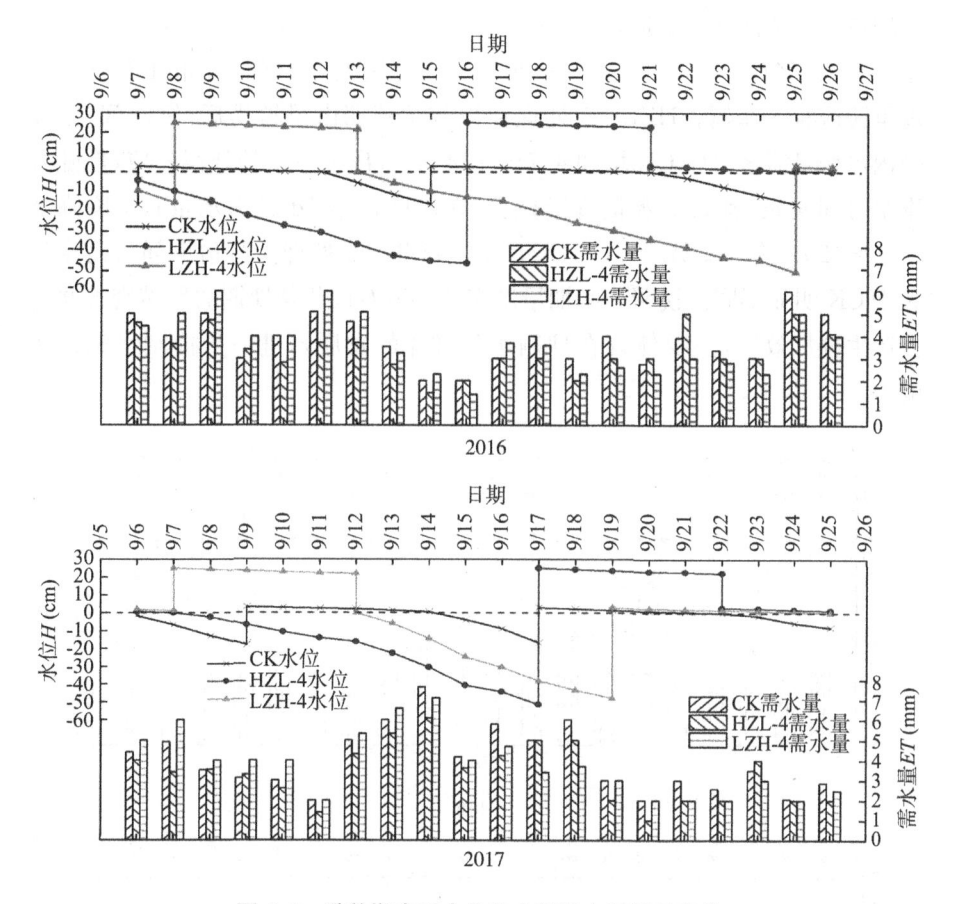

图 4.5　乳熟期农田水位和水稻需水量逐日变化

4.4　连续两个生育期旱涝交替胁迫水稻需水量逐日变化

在连续两个生育期旱涝交替胁迫处理中,其前一个生育期的旱涝交替胁迫水稻需水量的日变化与同期的单个生育期旱涝交替胁迫相同,这里只分析后一个生育期旱涝交替胁迫水稻逐日需水量的变化过程。

LZH-5、HZL-5 处理拔节孕穗期农田水位和水稻需水量逐日变化见图 4.6。LZH-5 处理在分蘖期受到第一轮先涝后旱胁迫恢复正常水分管理后,其日需水量一直低于 CK,在拔节孕穗期第二轮涝胁迫期间其日需水量仍然小于 CK 的日需水量,且随淹水时间延长较 CK 降低的幅度更大,到涝胁迫末期(5 d)比对照降低 41.7%(2016 年)、20%(2017 年)。HZL-5 和 LZH-5

处理在拔节孕穗期旱胁迫末期降幅分别达到 18.5%(2017 年)～38.9%(2016 年)和 31.2%(2016 年)～43.5%(2017 年),分别大于 HZL-2 和 LZH-2 处理旱胁迫时的降幅。HZL-5 处理在拔节孕穗期由旱转涝后,短时间(2～3 d)内水稻日需水量较 CK 增加 4.7%～14.3%,出现一定的补偿效应,但随着淹水时间延长,其日需水量逐渐减少,在涝胁迫第 5d 日需水量较 CK 降低 14.3%(2016 年)和 24.5%(2017 年),与 HZL-2 处理涝胁迫期间日需水量大于 CK 明显不同。说明分蘖期旱涝交替胁迫对拔节孕穗期的旱涝交替胁迫会产生叠加效应(主要体现在抑制水稻群体的发展),进一步抑制水稻需水能力。

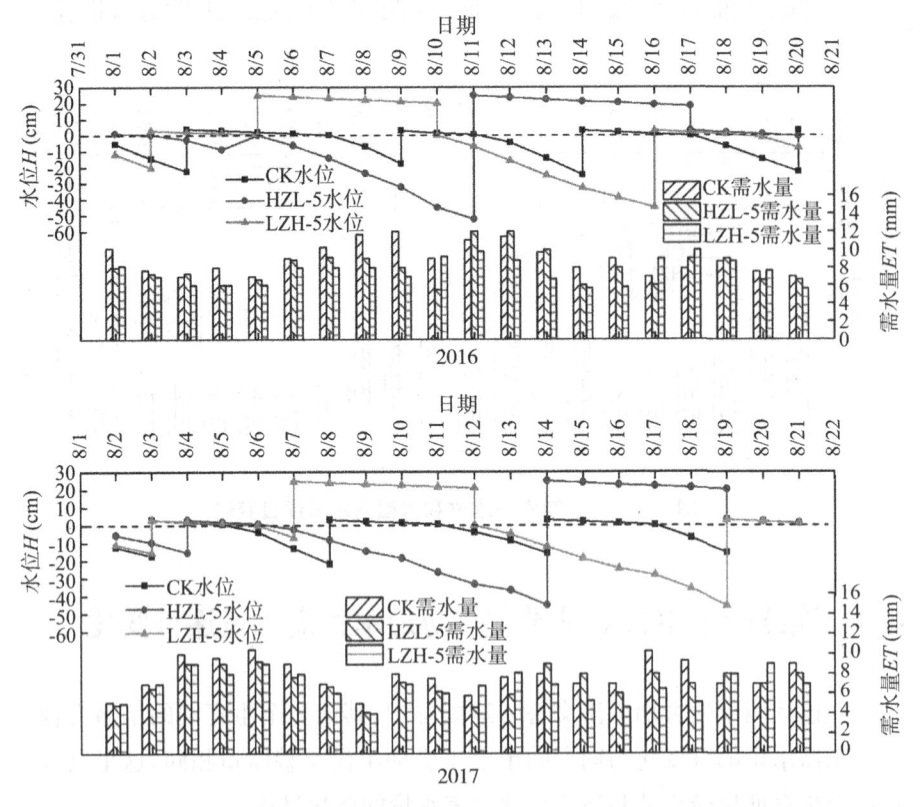

图 4.6　LZH-5 和 HZL-5 处理拔节孕穗期农田水位和水稻需水量逐日变化

LZH-6、HZL-6 处理抽穗开花期农田水位和水稻需水量逐日变化见图 4.7。LZH-6 处理在拔节孕穗期受到第一轮先涝后旱胁迫恢复正常水分管理后,其日需水量与 CK 无明显差异,在抽穗开花期进行第二轮涝胁迫时,短时间(2～3 d)涝胁迫水稻日需水量大于 CK,随着淹水时间的延长,其日需水量出现下降,到第 5 d 时比 CK 降低 15.0% 左右,与 LZH-3 处理涝胁迫期间日需水量始终大于 CK 日需水量有明显不同,说明拔节孕穗期先涝后旱对抽穗开花期第二轮受涝时的需水量降低有一定影响。HZL-6 和 LZH-6 处理在抽穗开花期旱胁迫末期降幅分别达到 20%(2017 年)~25%(2016 年)和 42.9%(2016 年)~51.1%(2017 年),与 HZL-3 和 LZH-3 处理在抽穗开花期旱胁迫期间日需水量相对于 CK 的变化也有区别,表现为 HZL-6 日需水量的降幅小于 HZL-3,而 LZH-6 日需水量的降幅大于 LZH-3。主要原因是 HZL-6 处理在拔节孕穗期经过第一轮先旱后涝后,促进了水稻根系先纵后横发展,到抽穗后根系进一步下扎,抽穗开花期水稻根系生长基本完成,进行第二轮旱涝胁迫时,上层土壤根系虽然吸水能力下降,但下层土壤根系发达,土壤通透性提高,吸水能力有所提高,所以日需水量比 HZL-3 处理受旱期间有所增加;LZH-6 处理在拔节孕穗期先涝时有利于上层土壤根系生长,后旱时促进下层土壤根系生长,但对上层土壤根系有较大的伤害,导致根系活力下降,抽穗开花期进行第二轮受涝时,上层土壤的根系活力逐渐恢复,下层土壤根系由于土壤通透性下降,根系活力逐渐下降,涝后再旱时,上层土壤根系老化加快,吸水受到抑制,而下层土壤根系的通透性虽然得到改善,但根系已到老化期难以完全恢复吸水活力,所以 LZH-6 处理在抽穗开花期受旱时的日需水量的降幅大于 LZH-3 处理。HZL-6 处理与 HZL-3 处理涝胁迫期间日需水量相对于 CK 的变化也不相同,前者日需水量在受涝期间始终大于 CK,而后者在受涝前期大于 CK,后期则小于 CK。原因是拔节孕穗期先旱后涝促进了水稻根系纵横发展,进行第二轮旱胁迫时水稻日需水量降幅较小,说明根系活力维持较好,旱涝急转后,上层土壤根系活力得到恢复,下层土壤根系已进入老化期,影响有限,所以日需水量始终大于 CK。

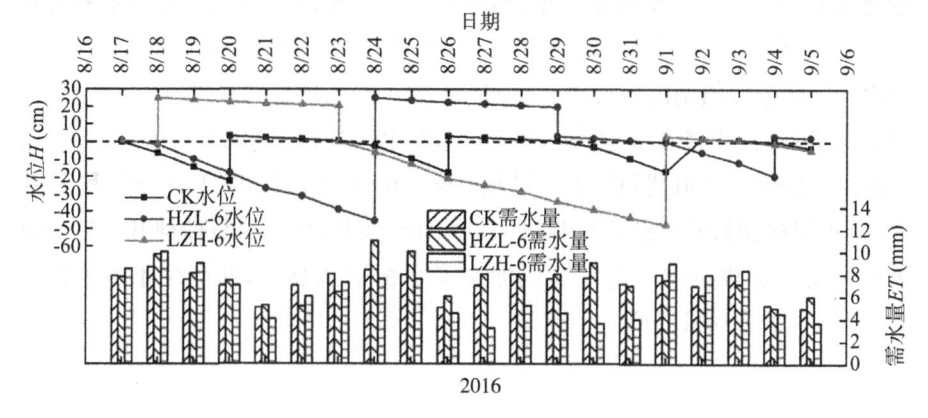

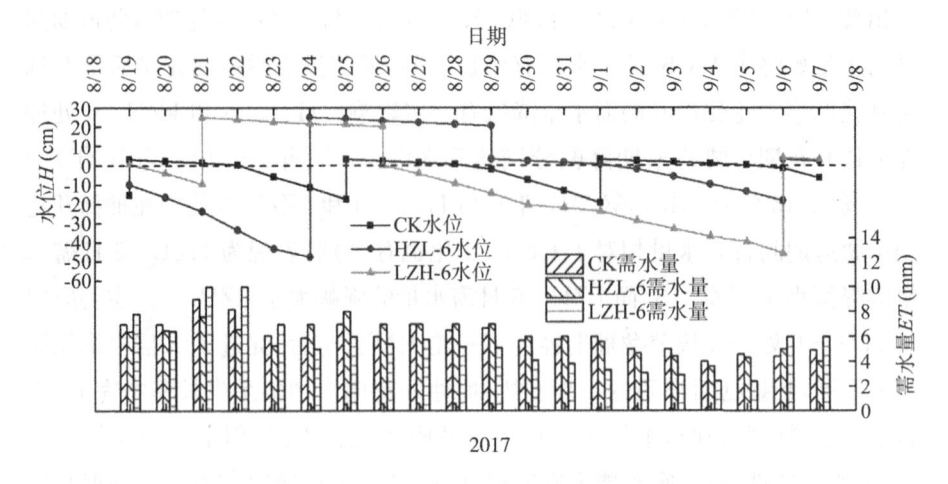

图 4.7　LZH-6 和 HZL-6 处理抽穗开花期农田水位和水稻需水量逐日变化

LZH-7、HZL-7处理乳熟期农田水位和水稻需水量逐日变化见图4.8。由图4.8可以看出，LZH-7处理在乳熟期涝胁迫前期水稻日需水量与CK接近，在涝胁迫后期日需水量较CK最大降低33.3%，而LZH-4处理乳熟期涝胁迫期间水稻日需水量均高于CK处理，说明抽穗开花期第一轮先涝后旱对乳熟期第二轮涝胁迫有明显影响。HZL-7和LZH-7处理在乳熟期旱胁迫期间日需水量较CK分别降低7.7%（2017年）~16.5%（2016年）和44.3%（2017年）~50.3%（2016），与HZL-4和LZH-4处理在乳熟期旱胁迫期间日需水量相对于CK的变化也有区别，表现为HZL-7乳熟期日需水量的降幅小于HZL-4，而LZH-7乳熟期日需水量的降幅大于LZH-4。主要原因是在正常水分管理条件下，抽穗开花期水稻根系生长基本完成，在该期先旱后涝能促进根系先纵后横发展，到乳熟期进行第二轮旱胁迫时，由于根系发达日需水量下降幅度减小；抽穗开花期先涝后旱有利于水稻根系先横后纵发展，但同时后旱对上层横向根伤害较大，会导致根系吸水能力降低。HZL-7处理乳熟期由旱转涝后，短时间内（2d）水稻日需水量较CK大，但涝胁迫第5d日需水量在2016和2017年分别较CK降低33.3%和16.7%，与HZL-4处理涝胁迫期间日需水量相对于CK的变化相似。LZH-7和HZL-7处理旱涝交替胁迫结束后日需水量均小于CK，其原因是抽穗开花期和乳熟期旱涝交替胁迫均一定程度地加快了水稻根系衰老，并产生不可逆的影响，导致水稻需水量降低。

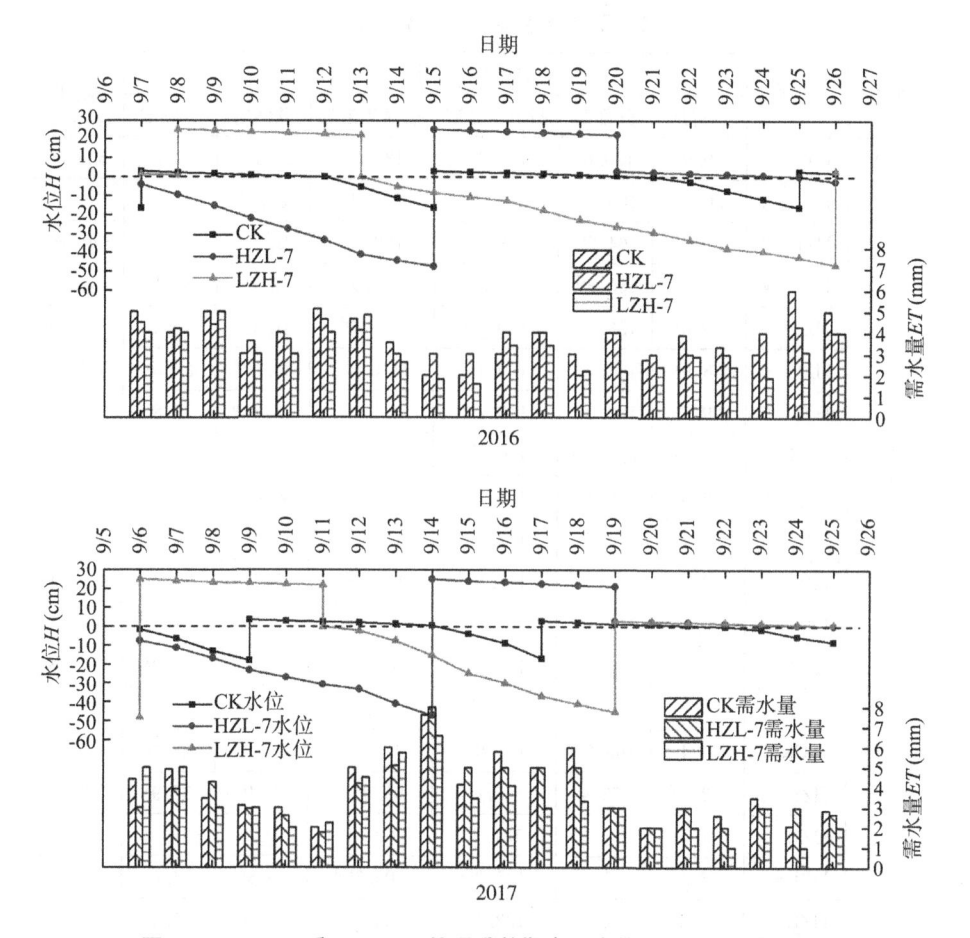

图 4.8 LZH‑7 和 HZL‑7 处理乳熟期农田水位和水稻需水量变化

4.5 旱涝交替胁迫水稻各生育期需水量

水稻需水量在各个生育期具有差异性，影响它的因素主要是气象条件、品种特性、生育阶段、土壤性质、稻田水分以及农艺措施等。在常规灌排条件下，水稻需水量主要受气象条件的影响，气温高，则蒸发蒸腾强度大。在旱胁迫条件下，水稻的蒸腾作用受到抑制，稻田蒸发量较少，水稻需水量也随之减小。在淹涝条件下，由于水中 O_2 和 CO_2 扩散率下降，水稻根系吸水能力受到抑制，水稻的蒸腾量也会降低。农田水位调控下旱涝交替胁迫水稻各生育期需水量见表 4.2。

表 4.2 旱涝交替胁迫水稻各生育期需水量

年份	处理	返青期	分蘖期	拔节孕穗期	抽穗开花期	乳熟期	黄熟期	全生育期需水量(mm)
2016	HZL-1	30.9^a	150.6^c	140.2^{cd}	122.1^{cd}	80.1^{bcd}	32.6^a	556.5^d
	HZL-2	30.3^a	163.5^{ab}	162.3^a	140.6^a	92.3^a	31.4^a	620.4^a
	HZL-3	29.3^a	164.2^{ab}	153.5^{ab}	128.2^{bc}	82.2^{bcd}	33.1^a	590.5^{abc}
	HZL-4	30.5^a	165.8^{ab}	151.7^{abc}	138.4^a	78.7^{cd}	31.1^a	596.2^{ab}
	HZL-5	30.0^a	153.4^{bc}	140.4^{cd}	121.3^{cd}	81.6^{bcd}	30.3^a	562.0^{cd}
	HZL-6	28.9^a	161.7^{ab}	160.1^{ab}	140.8^a	80.5^{bcd}	30.8^a	602.8^{ab}
	HZL-7	29.5^a	162.0^{ab}	158.7^{ab}	134.8^{ab}	83.7^{bcd}	32.8^a	601.5^{ab}
	LZH-1	29.4^a	158.8^{abc}	150.1^{bc}	121.4^{cd}	85.2^{abc}	32.7^a	577.6^{bcd}
	LZH-2	29.5^a	166.1^{ab}	158.3^{ab}	130.7^{abc}	80.4^{bcd}	31.8^a	596.8^{ab}
	LZH-3	30.4^a	168.5^a	157.2^{ab}	132.0^{ab}	80.5^{bcd}	32.9^a	601.3^{ab}
	LZH-4	30.2^a	169.2^a	156.8^{ab}	130.9^{abc}	85.7^{abc}	30.9^a	603.7^{ab}
	LZH-5	29.6^a	157.3^{bc}	132.7^d	119.3^d	80.5^{bcd}	31.6^a	551.0^d
	LZH-6	28.8^a	161.4^{ab}	154.0^{ab}	117.1^d	82.1^{bcd}	32.3^a	575.7^{bcd}
	LZH-7	29.7^a	163.2^{ab}	150.4^{bc}	133.3^{ab}	75.4^d	30.5^a	582.5^{bcd}
	CK	29.4^a	163.9^{ab}	155.9^{ab}	135.2^{ab}	88.6^{ab}	32.2^a	605.2^{ab}
2017	HZL-1	32.2^a	173.4^c	110.4^d	99.9^{bcde}	83.4^{bc}	32.9^a	532.2^d
	HZL-2	31.5^a	198.2^{ab}	131.2^a	110.2^a	96.2^a	35.4^a	602.7^a
	HZL-3	32.1^a	197.5^{ab}	125.2^{ab}	100.3^{bcd}	86.3^{bc}	34.6^a	576.0^b
	HZL-4	31.6^a	200.7^a	123.1^{ab}	103.5^{abc}	80.8^c	35.4^a	575.1^b
	HZL-5	31.9^a	170.5^c	116.8^{bcd}	102.2^{abc}	84.3^{bc}	36.1^a	541.8^d
	HZL-6	30.7^a	203.4^a	132.5^{abc}	108.5^{ab}	81.1^c	35.5^a	591.7^{ab}
	HZL-7	32.0^a	207.1^a	131.6^a	102.3^{abc}	86.8^{bc}	34.3^a	594.1^{ab}
	LZH-1	30.8^a	178.8^c	117.5^{bcd}	97.2^{cde}	85.4^{bc}	33.5^a	543.2^{cd}
	LZH-2	30.0^a	196.8^{ab}	132.1^a	98.4^{cde}	86.1^{bc}	34.7^a	578.1^{ab}
	LZH-3	31.9^a	211.3^a	127.7^{ab}	104.0^{abc}	83.3^{bc}	35.1^a	593.3^{ab}
	LZH-4	31.2^a	205.4^a	131.9^a	103.8^{abc}	85.9^{bc}	34.2^a	592.4^{ab}
	LZH-5	30.4^a	181.3^{bc}	113.0^{cd}	91.1^e	82.8^{bc}	35.1^a	533.7^d
	LZH-6	31.0^a	200.9^a	124.5^{ab}	93.0^{de}	81.5^c	33.5^a	564.4^c
	LZH-7	30.7^a	199.5^a	124.0^{ab}	101.8^{abcd}	79.3^c	33.8^a	569.1^c
	CK	31.3^a	203.1^a	128.6^a	109.8^a	91.9^{ab}	35.7^a	600.4^{ab}

注：相同年份同一列 a、b、c、d、e 表示显著性差异（$P<0.05$）。

第四章
旱涝交替胁迫对水稻需水特性的影响

HZL-1和LZH-1处理分蘖期需水量在2016年分别较CK降低8.1%和3.1%,在2017年显著($P<0.05$)降低14.6%和12.0%;HZL-1和LZH-1处理拔节孕穗期、抽穗开花期、乳熟期需水量在2016年分别较CK降低10.1%、9.7%、9.6%和3.7%、10.2%、3.8%,在2017年降低14.2%、9.0%、9.3%和8.6%、11.5%、7.1%,其中拔节孕穗期和抽穗开花期均达到显著水平($P<0.05$)。表明分蘖期旱涝交替胁迫不仅降低了水稻分蘖期需水量,同时由于显著的减少了水稻群体数量,对后期水稻需水的降低也产生了后效作用,尤其是分蘖期先旱后涝胁迫对水稻各生育期需水量的降低产生更为明显的作用。HZL-2和LZH-2处理拔节孕穗期需水量在2016年分别较CK增加4.1%和1.5%,在2017年增加2.0%和2.7%;HZL-2处理抽穗开花期和乳熟期需水量在2016年分别较CK增加4.0%和4.2%,在2017年增加0.4%和4.7%;LZH-2处理抽穗开花期和乳熟期需水量在2016年分别较CK降低3.3%和9.3%,在2017年降低10.4%和6.3%。表明拔节孕穗期旱涝交替胁迫使该期需水量略有提高,且先旱后涝胁迫对后期水稻需水具有促进作用,而先涝后旱胁迫对后期水稻需水具有抑制作用,但均未达到显著水平。HZL-3和LZH-3处理抽穗开花期需水量在2016年分别较CK降低5.2%和2.4%,在2017年降低8.7%和5.3%;HZL-3和LZH-3处理乳熟期需水量在2016年分别较CK降低7.2%和9.4%,在2017年降低6.1%和9.4%。表明抽穗开花期旱涝交替胁迫对该期及乳熟期的需水产生了抑制作用,使需水量均略有降低。HZL-4乳熟期需水量在2016年和2017年分别较CK显著($P<0.05$)降低11.2%和12.1%,LZH-4处理分别降低3.3%和6.5%,说明乳熟期旱涝交替胁迫使水稻乳熟期需水量降低,且先旱后涝胁迫对水稻乳熟期需水量影响显著($P<0.05$)。与CK相比,HZL-1、HZL-3、HZL-4、LZH-1、LZH-2、LZH-3、LZH-4全生育期需水量在2016年分别降低8.1%、2.4%、1.5%、4.6%、1.4%、0.6%、0.2%;2017年分别降低11.4%、4.1%、4.4%、9.5%、3.7%、1.2%、1.3%;而HZL-2处理全生育期需水量在2016年和2017年分别增加2.5%和0.4%。从显著性结果可以看出,在两年试验中,分蘖期先旱后涝胁迫对水稻全生育期需水量影响显著($P<0.05$)。

HZL-5和LZH-5处理拔节孕穗期、抽穗开花期、乳熟期需水量在2016年分别较CK降低9.9%、6.6%、7.9%和14.9%、11.8%、9.1%,在2017年降低9.2%、6.9%、8.3%和12.1%、17.0%、9.9%,其中拔节孕穗期和抽穗开花期均达到显著水平(P<0.05),表明 HZL-5 和 LZH-5 处理不仅降低了水稻拔节孕穗期需水量,也对后期水稻需水也产生了抑制作用。HZL-5 处理拔节孕穗期、抽穗开花期、乳熟期需水量与 HZL-1 和 HZL-2 处理没有显著差异;LZH-5 处理拔节孕穗期、抽穗开花期需水量小于 LZH-1 和 LZH-2 处理,甚至部分达到显著水平。表明拔节孕穗期先旱后涝胁迫弱化了分蘖期先旱后涝胁迫对水稻需水产生的抑制作用,而拔节孕穗期先涝后旱胁迫加重了分蘖期先涝后旱涝胁迫对水稻需水产生的抑制作用。HZL-6 处理抽穗开花期、乳熟期需水量与 CK 无显著性差异;LZH-6 处理抽穗开花期和乳熟期需水量在 2016 年分别较 CK 降低 13.6% 和 7.3%,在 2017 年降低 15.3% 和 11.3%,均达到显著水平。表明 HZL-6 处理不仅对抽穗开花期需水量影响不大,而且对水稻后期(乳熟期)的需水量也没有明显影响,但 LZH-6 处理不仅对抽穗开花期需水量减少影响较大,而且对水稻后期(乳熟期)的需水量下降也有明显影响。HZL-6 处理抽穗开花期需水量与 HZL-2 处理没有显著差异,但乳熟期需水量却显著小于 HZL-2 处理;HZL-6 处理抽穗开花期需水量显著大于 HZL-3 处理,但乳熟期需水量与 HZL-3 处理没有显著差异。表明 HZL-6 处理对连续两个受胁迫的生育期需水量影响不大,且抽穗开花期需水量会大于 HZL-3 处理的需水量,但与 HZL-3 处理一样都会降低后一个生育期的需水量。LZH-6 处理抽穗开花期需水量接近显著小于 LZH-2 和 LZH-3 处理,而乳熟期需水量与 LZH-2 和 LZH-3 处理没有明显差异。说明 LZH-6 处理拔节孕穗期先涝后旱胁迫加重了抽穗开花期先涝后旱胁迫对水稻需水产生的抑制作用,而对后一个生育期的需水量影响不大。HZL-7 和 LZH-7 处理乳熟期需水量在 2016 年分别较 CK 降低 5.5% 和 14.9%,在 2017 年降低 5.6% 和 13.7%,其中 LZH-7 处理与 CK 差别显著(P<0.05)。HZL-7 处理乳熟期需水量大于 HZL-4,且与 HZL-3 处理接近;LZH-7 处理乳熟期需水量小于 LZH-3 和 LZH-4。表明 HZL-7 处理抽穗开花期先旱后涝胁迫会提高乳熟期先旱后涝时的水稻需水量;LZH-7 处理抽穗开花期先涝后旱胁迫会降低乳熟期先涝后旱胁迫时的水稻需水量。与 CK 相比,HZL-5、HZL-6、HZL-7、LZH-5、LZH-6、LZH-7 全生育期需水量在 2016 年分别降低 7.1%、0.4%、0.6%、9.0%、4.9%、3.8%;2017 年分别降低 9.8%、1.5%、1.1%、11.1%、6.0%、5.2%。从显著性结果可以看出,HZL-5、LZH-5 两个处理全生育期需水量显著(P<0.05)低于 CK,而 LZH-6、LZH-7 两个处理全生育期需水量接近显著低于 CK。

综上所述，单个生育期旱涝交替胁迫对全生育期需水量影响从大到小依次排序为：分蘖期（两年需水量平均较对照降低 8.4%，下同）＞抽穗开花期（2.1%）＞乳熟期（1.8%）＞拔节孕穗期（0.5%）。连续两个生育期旱涝交替胁迫对需水量影响从大到小依次排序为：分蘖期与拔节孕穗期（9.2%）＞拔节孕穗期与抽穗开花期（3.2%）＞抽穗开花期与乳熟期（2.7%）。因此，在各生育期进行旱涝交替胁迫时，分蘖期单个生育期、分蘖期与拔节孕穗期连续两个生育期遭受旱涝交替胁迫会显著降低水稻全生育期需水量，同时也会造成水稻产量较大幅度的下降（见第三章表 3.7）。

本章参考文献

[1] Zhang F, Chen X, Vitousek P. An experiment for the world[J]. Nature, 2013, 497(7447)：33-35.

[2] 朱红艳. 干旱地域地下水浅埋区土壤水分变化规律研究[D]. 西北农林科技大学，2014.

[3] 刘战东，牛豪震，贾云茂，等. 不同地下水埋深下冬小麦和春玉米非充分灌溉制度研究[J]. 节水灌溉，2010，2010(6)：36-38.

[4] 缪子梅，俞双恩，卢斌，等. 基于结构方程模型的控水稻"需水量－光合量－产量"关系研究[J]. 农业工程学报，2013，29(06)：91-98.

[5] 陶长生，王菊，徐方，等. 地下水埋深与土壤含水率对应关系和最优灌溉模式的试验研究[J]. 灌溉排水，2000，19(4)：68-71.

[6] 蔡昆争，骆世明，段舜山. 水稻根系的空间分布及其与产量的关系[J]. 华南农业大学学报，2003，24(3)：1-4.

[7] 孙华银. 温室甜椒对水分胁迫的响应及水分亏缺诊断指标研究[D]. 西北农林科技大学，2008.

[8] 彭世彰，艾丽坤，和玉璞，等. 稻田灌排耦合的水稻需水规律研究[J]. 水利学报，2014，45(3)：320-325.

[9] 刘笑吟，王冠依，杨士红，等. 不同时间尺度节水灌溉水稻腾发量特征与影响因素分析[J]. 农业机械学报，2016，47(8)：91-100.

[10] Singh H P, Singh B B, Ram P C. Submergence tolerance of rainfed lowland rice: search for physiological marker traits[J]. Journal of Plant Physiology, 2001, 158(7)：883-889.

[11] 郭相平,张烈君,王琴,等. 作物水分胁迫补偿效应研究进展[J]. 河海大学学报(自然科学版),2005,33(6):634-637.

[12] 于靖,徐淑琴,高婷. 分蘖期不同程度水分胁迫对水稻需水规律及生长发育的影响[J]. 节水灌溉,2012,(7):21-23.

[13] Das K K, Sarkar R K, Ismail A M. Elongation ability and non-structural carbohydrate levels in relation to submergence tolerance in rice [J]. Plant Science,2005,168(1):131-136.

[14] 夏石头,彭克勤,曾可. 水稻涝害生理及其与水稻生产的关系[J]. 植物生理学通讯,2000,36(6):581-588.

[15] 郭相平,甄博,陆红飞. 水稻旱涝交替胁迫叠加效应研究进展[J]. 水利水电科技进展,2013,33(2):83-86.

[16] 肖梦华,缪子梅,肖万川,等. 水稻需水量对旱涝交替胁迫的响应效应[J]. 应用基础与工程科学学报,2017,25(3):455-466.

[17] 甄博,郭相平,陆红飞,等. 分蘖期旱涝交替胁迫对水稻生理指标的影响[J]. 灌溉排水学报,2017,36(5):36-40.

[18] 李远华,张明炷,谢礼贵,等. 非充分灌溉条件下水稻需水量计算[J]. 水利学报,1995,1995(2):64-68.

[19] Hoang L, Ngoc T A, Maskey S. A robust parameter approach for estimating CERES-Rice model parameters for the Vietnam Mekong Delta [J]. Field Crops Research,2016,196(16):98-111.

[20] Wang W, Ding Y, Shao Q, et al. Bayesian multi-model projection of irrigation requirement and water use efficiency in three typical rice plantation region of China based on CMIP5[J]. Agricultural and Forest Meteorology,2017,232:89-105.

第五章

旱涝交替胁迫对稻田水氮磷变化的影响

水稻生长期与汛期重叠,在常规灌排模式下,汛期降雨造成的稻田排水量较大,导致农田养分大量流失,成为南方地区农业面源污染的重要来源。水稻控制灌排是在降低水稻灌溉下限的同时,提高雨后蓄水深度,以便充分利用天然降雨量,减少水稻灌排水量,达到节水减排的目的。本章重点分析旱涝交替胁迫下稻田氮、磷浓度变化规律,探讨水稻控制灌排的节水减排机制。

5.1 旱涝交替胁迫稻田水氮素变化

5.1.1 稻田水总氮的变化

(1)地表水总氮的变化

2015—2017 年各生育期涝胁迫时稻田地表水 TN 浓度及释放量(TN 浓度乘以测坑面积再乘以地表水深)变化见图 5.1。各生育期处理淹水时 TN 浓度及 TN 释放量动态变化趋势基本一致,由于灌水对土壤表层扰动,淹水第一天 TN 浓度较大,之后随着淹水时间的延长,稻田水中土壤颗粒的逐渐沉淀,加之水稻对氮素的不断吸收,TN 浓度及 TN 释放量逐渐减少。

3 年试验中,淹水初期,四个生育期的 HZL 处理较 LZH 处理地表水 TN 平均浓度增加了 6.3%~22.5%。这是因为 HZL 处理前期受旱胁迫较低的土壤含水率抑制了微生物和酶的活性,导致了无机氮在干旱条件下积累,同时抑制了土壤氮素的淋溶迁移,使氮素集中于上层土壤,旱后复水,促进了氮素的溶解。四个生育期 HZL 处理淹水结束时与淹水第一天相比,地表水 TN

平均浓度分别降低38.1%~67.4%、46.4%~61.8%、33.8%~70.8%和54.5%~73.6%，TN平均释放量分别降低84.1%~94.3%、67.5%~97.3%、71.0%~94.9%和70.3%~78.6%；四个生育期LZH处理淹水结束时与淹水第一天相比，地表水TN平均浓度分别降低50.6%~64.6%、43.7%~56.1%、58.6%~71.7%和55.9%~68.3%，TN平均释放量分别降低72.8%~83.9%、63.5%~67.8%、70.8%~79.2%和70.2%~75.0%，由此可见稻田蓄水可以有效降低地表水中TN浓度及释放量。淹水结束时（第5d），HZL处理四个生育期3年TN平均浓度及TN平均释放量较LZH处理分别提高了18.7%和9.5%、17.7%和17.6%、13.5%和5.5%、3.3%和3.5%，分蘖期和拔节孕穗期差异明显（$P<0.05$）。

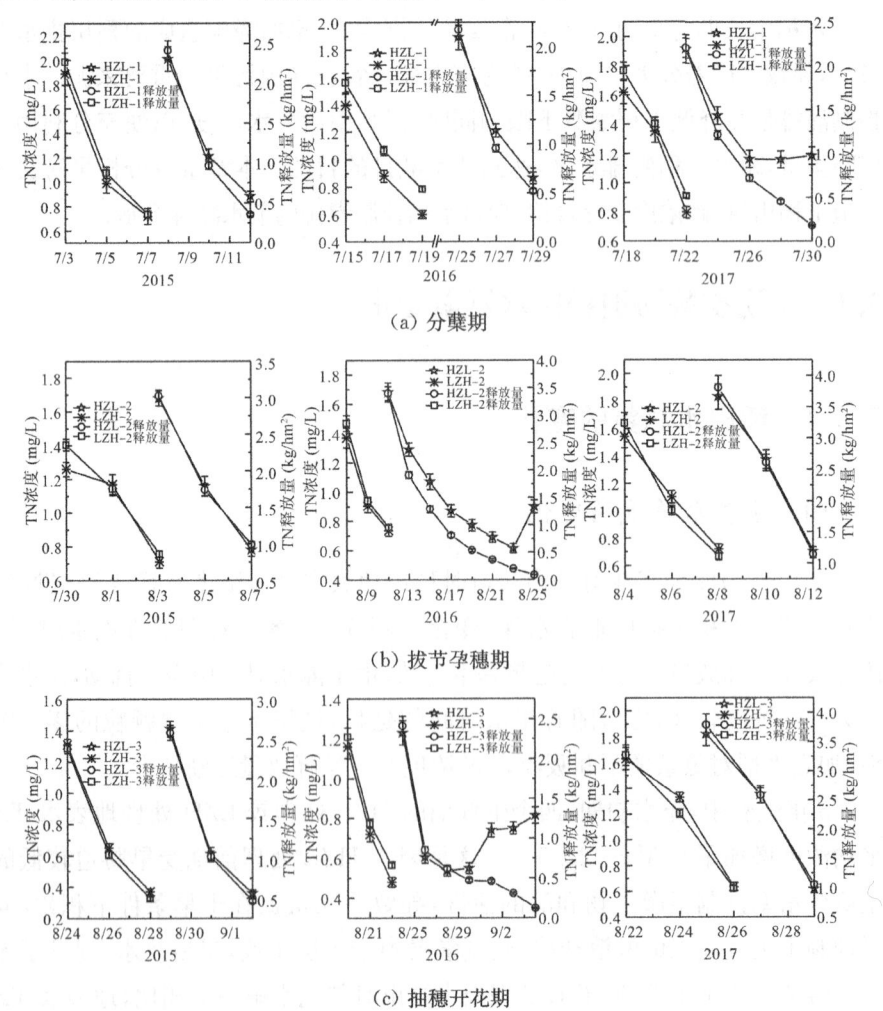

(a) 分蘖期

(b) 拔节孕穗期

(c) 抽穗开花期

(d) 乳熟期

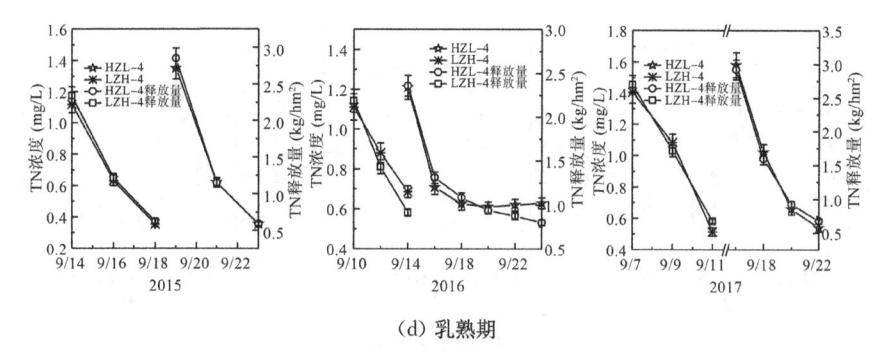

图 5.1　各生育期涝胁迫时稻田地表水 TN 浓度及释放量

（2）地下水总氮的变化

2015—2017 年各生育期 HZL 处理和 LZH 处理地下水 TN 浓度变化见图 5.2。HZL 处理各生育期地下水 TN 浓度变化规律基本一致，受旱期间总体呈下降趋势，复水后 TN 浓度升高，原因是前期受旱土壤裂隙较多，使得 TN 浓度较高的地表水沿着孔隙补充地下水，之后随着淹水时间的延长，TN 浓度逐渐下降。LZH 处理各生育期受涝期间由于测坑保持一定的田间渗漏量及地表水的入渗，地下水 TN 浓度总体呈现下降趋势，涝转旱后 TN 浓度总体仍呈下降趋势，但由于没有地表水入渗也没有田间渗漏量，所以下降趋势比淹水要缓慢。

3 年试验结果表明，各生育期 HZL 处理地下水 TN 平均浓度均高于 LZH 处理，原因是前期旱胁迫使表层土壤裂隙增多，导致 TN 浓度较高的地表水沿着孔隙补充地下水，而 LZH 处理前期淹水表层没有裂隙，地表水不能直接补充地下水，所以地下水 TN 浓度低于 HZL 处理受涝时的浓度，但 LZH 处理结束后会提高后期的地下水 TN 浓度。

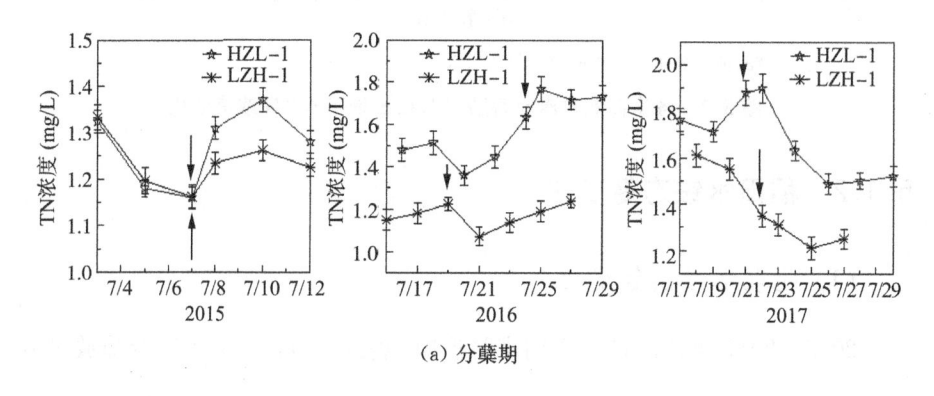

（a）分蘖期

(b) 拔节孕穗期

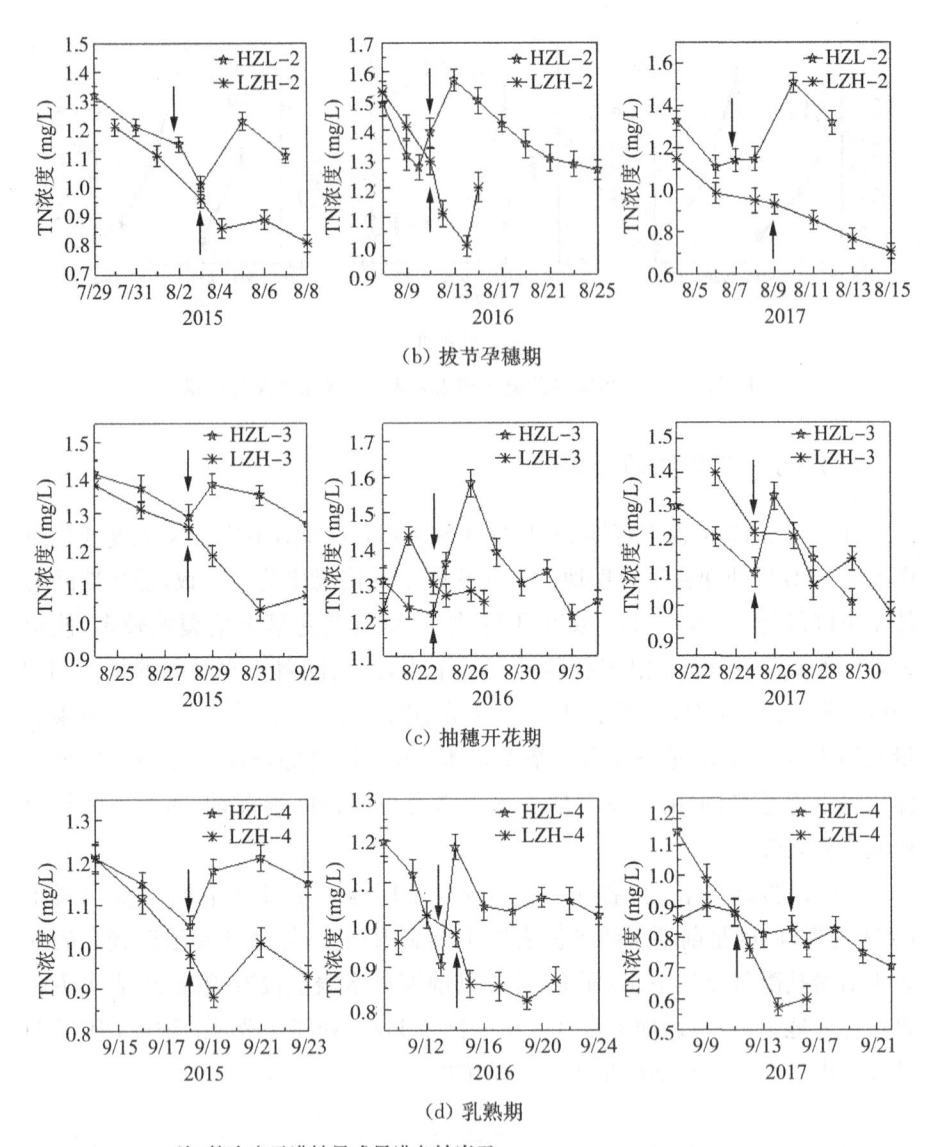

(c) 抽穗开花期

(d) 乳熟期

注：箭头表示涝转旱或旱涝急转当天。

图5.2 各生育期旱涝交替胁迫时稻田地下水 TN 浓度变化

5.1.2 稻田水铵态氮变化

(1) 地表水铵态氮变化

2015—2017 年稻田各生育期涝胁迫时地表水 $NH_4^+ - N$ 浓度及释放量变

化见图5.3。各处理地表水NH_4^+-N浓度及释放量动态变化基本一致,总体呈现降低的趋势。最高浓度及最高释放量均发生在淹水第1~3 d,这是因为灌水对稻田表层扰动较大,吸附于土壤颗粒上的铵态氮随颗粒悬浮于水中。随着淹水时间的延长,吸附铵态氮的土壤颗粒逐渐沉淀,同时铵态氮经土壤的硝化作用逐渐转化成为硝态氮,再加上水稻对铵态氮的不断吸收,地表水中的NH_4^+-N浓度及释放量都有所降低。

3年试验中,四个生育期HZL处理淹水结束时与淹水第一天相比,地表水NH_4^+-N平均浓度降低幅度分别为41.3%~51.8%、51.1%~62.0%、29.9%~37.4%和28.1%~35.4%,地表水NH_4^+-N平均释放量降低幅度分别为82.3%~92.7%、62.0%~96.7%、45.4%~94.6%和47.9%~59.3%,其中分蘖期和拔节孕穗期HZL处理降低幅度最大,与前期施入的肥料较多有关。四个生育期LZH处理淹水结束时与淹水第一天相比,地表水NH_4^+-N平均浓度降低幅度分别为45.8%~58.2%、24.9%~40.1%、30.4%~32.2%和7.0%~28.3%,地表水NH_4^+-N平均释放量降低幅度分别为67.8%~80.0%、48.3%~59.2%、46.8%~57.2%和36.5%~43.6%,分蘖期和拔节孕穗期NH_4^+-N浓度和NH_4^+-N释放量降低幅度大,也与前期施入的肥料较多有关。淹水结束时(第5 d),四个生育期HZL处理平均NH_4^+-N浓度和NH_4^+-N释放量较LZH处理分别高出16.6%和5.9%、10.1%和10.4%、15.1%和16.4%、3.9%和8.4%,原因是旱胁迫后复水对土壤的扰动较大,促进土壤中的氮素溶解转化为NH_4^+-N。

(2) 地下水铵态氮变化

2015—2017年各生育期HZL处理和LZH处理地下水NH_4^+-N浓度变化见图5.4。四个生育期HZL处理总体变化趋势一致,随着受旱历时增加地下水NH_4^+-N浓度逐渐降低,旱后复水后地下水NH_4^+-N浓度有所回升,在复水第1~3 d达到峰值,之后浓度又逐渐下降。旱后复水地下水NH_4^+-N浓度回升的原因是地表水通过裂隙直接补充地下水引起地下水NH_4^+-N浓度升高。四个生育期LZH处理地下水NH_4^+-N浓度总体呈现下降的趋势,分蘖期浓度变化比较平缓,拔节孕穗期与抽穗开花期浓度下降变化较明显,这主要与水稻处于营养生殖生长最旺盛的两个阶段对NH_4^+-N吸收比较多有关;乳熟期水稻吸肥能力下降,受涝阶段由于田间渗漏量使地表水不断补充地下水,土壤中过剩的NH_4^+-N向下流失,使地下水NH_4^+-N浓度有小幅度升高。

(a) 分蘖期

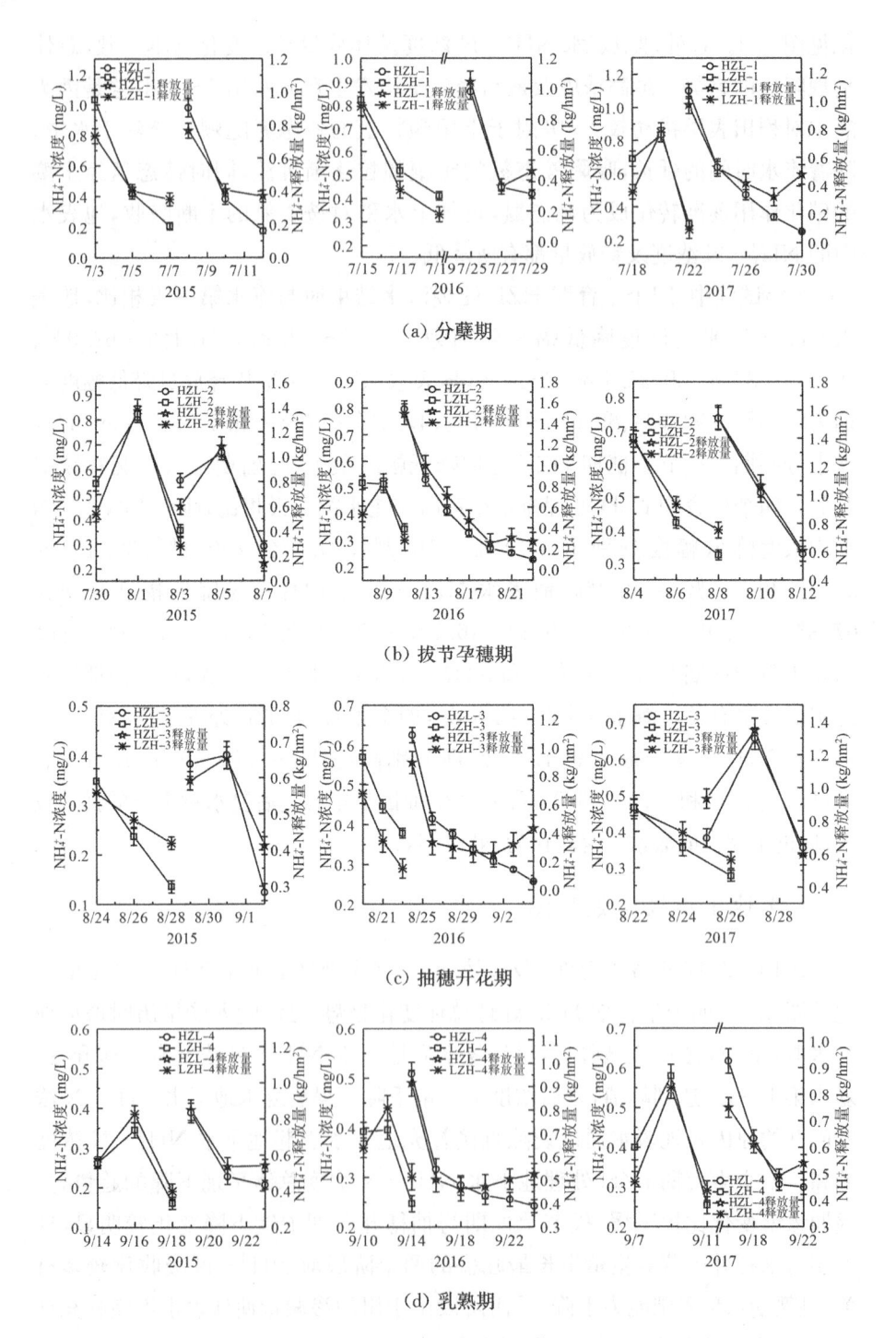

(b) 拔节孕穗期

(c) 抽穗开花期

(d) 乳熟期

图 5.3 各生育期涝胁迫时稻田地表水 NH_4^+-N 浓度及释放量变化

(a) 分蘖期

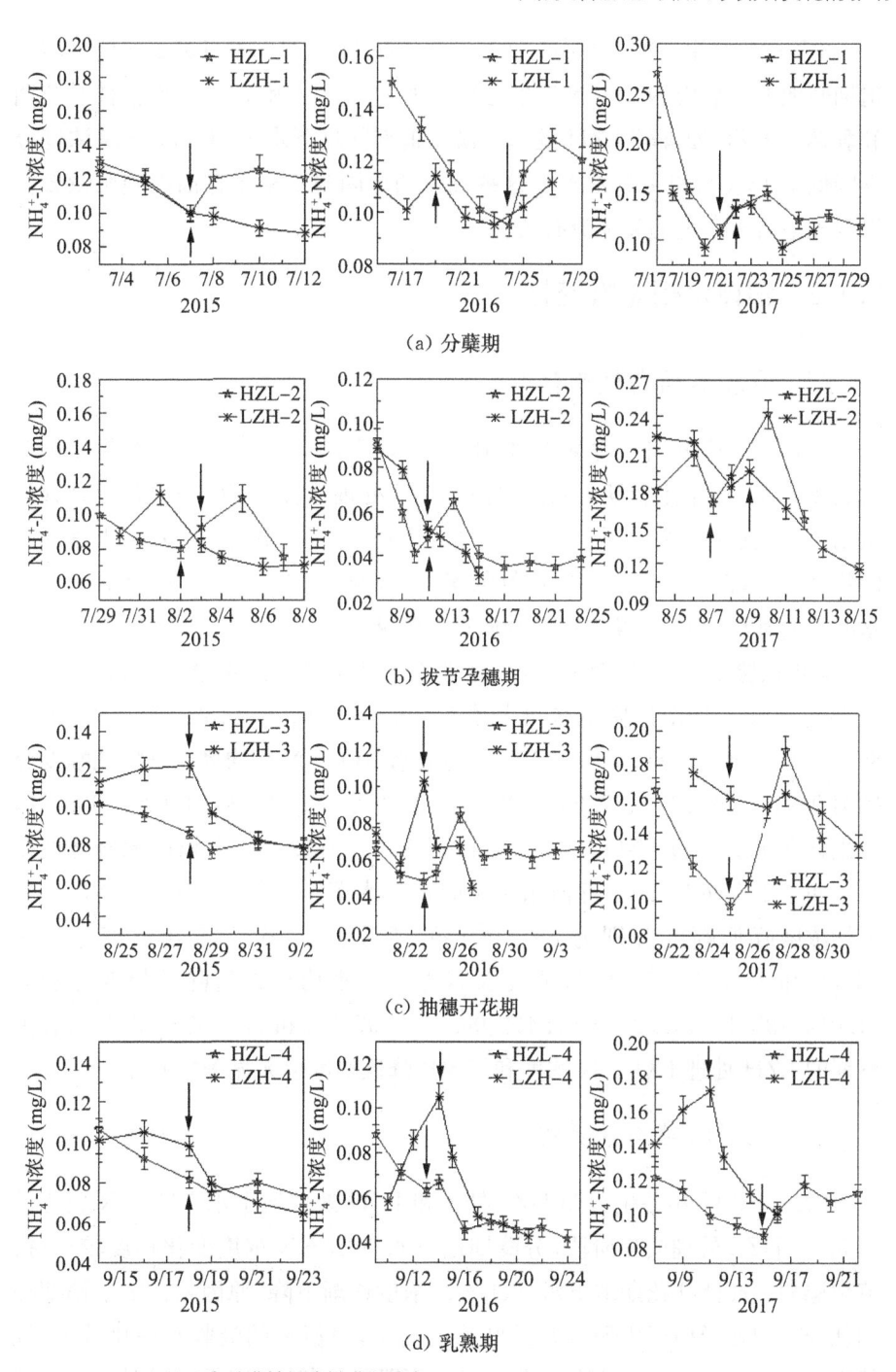

(b) 拔节孕穗期

(c) 抽穗开花期

(d) 乳熟期

注：箭头表示涝转旱或旱涝急转当天。

图 5.4　各生育期旱涝交替胁迫时稻田地下水 NH_4^+-N 浓度变化

3年试验结果表明,分蘖期和拔节孕穗期 HZL 处理较 LZH 处理旱涝胁迫期间地下水平均 NH_4^+-N 浓度分别增加了 20.9% 和 7.3%,而抽穗开花期和乳熟期 HZL 处理较 LZH 处理旱涝胁迫期间地下水平均 NH_4^+-N 浓度分别降低了 12.6% 和 4.2%,产生这种现象的原因与水稻生育前期施肥量较多以及先旱后涝产生的裂隙流有关。

5.1.3 稻田水硝态氮变化

(1) 地表水硝态氮变化

2015—2017 年各生育期涝胁迫时稻田地表水 NO_3^--N 浓度及释放量变化见图 5.5。四个生育期 HZL 处理和 LZH 处理地表水 NO_3^--N 浓度及释放量动态变化趋势基本一致,在淹水第 1 d 达到峰值,这主要与灌水对土壤水层的扰动有关,使地表溶出的可溶性氮素增多,NO_3^--N 浓度增加,之后随着淹水时间的延长,NO_3^--N 浓度及释放量逐渐减少。

3 年试验中,四个生育期 HZL 处理淹水结束时与淹水第一天相比,地表水 NO_3^--N 平均浓度降低幅度分别为 89.5%~92.8%、88.8%~97.9%、89.4%~96.4% 和 89.6%~97.7%,地表水 NO_3^--N 平均释放量降低幅度分别为 96.1%~99.1%、97.6%~99.4%、95.2%~99.2% 和 91.6%~98.5%,各生育期 HZL 处理 NO_3^--N 浓度和 NO_3^--N 释放量降低幅度无显著性差异。四个生育期 LZH 处理淹水结束时与淹水第一天相比,地表水 NO_3^--N 平均浓度降低幅度分别为 88.3%~95.5%、94.0%~95.8%、95.4%~96.7% 和 96.3%~97.6%,地表水 NO_3^--N 平均释放量降低幅度分别为 91.0%~98.1%、92.2%~97.4%、96.7%~97.5% 和 96.5%~98.4%,各生育期的 LZH 处理 NO_3^--N 浓度和释放量降低幅度也无显著性差异。

(2) 地下水硝态氮变化

2015—2017 年各生育期 HZL 处理和 LZH 处理地下水 NO_3^--N 变化见图 5.6。HZL 处理受旱阶段,分蘖期地下水 NO_3^--N 浓度变化幅度较小;拔节孕穗期和抽穗开花期地下水 NO_3^--N 浓度逐渐下降,原因是拔节孕穗期和抽穗开花期处于稻田生殖生长最旺盛的时期,对氮素的吸收利用比较多;乳熟期地下水 NO_3^--N 浓度呈现先上升后下降的趋势,原因是受旱时土壤氧气充足,土壤氧化还原电位显著升高,促进了硝化作用的进行,使地下水 NO_3^--N

第五章 旱涝交替胁迫对稻田水氮磷变化的影响

浓度在短期内有所上升,随着水稻对氮素的吸收以及重度受旱抑制了微生物和土壤酶活性,导致硝化作用减弱,地下水 $NO_3^- - N$ 浓度降低。各生育期 HZL 处理旱后复水后,表土中 $NH_4^+ - N$ 在硝作用下转化为 $NO_3^- - N$ 使地表水 $NO_3^- - N$ 浓度增加,地表水沿着受旱时田面形成的裂隙补给地下水,使地下水 $NO_3^- - N$ 浓度升高,淹水一段时间后,土壤含氧量逐渐降低、硝化作用减弱及反硝化作用加强,再加上植物的吸收与利用,导致 $NO_3^- - N$ 浓度降低,乳熟期淹水后期地下水 $NO_3^- - N$ 浓度降低变化幅度不明显,这与后期植物对氮素利用率降低有关。LZH 处理各生育期在淹水阶段,随着淹水时间的增加,地下水 $NO_3^- - N$ 浓度整体呈降低趋势,分蘖期、拔节孕穗期降低趋势较明显,乳熟期和抽穗开花期在淹水期间有一个上升再下降的过程,主要原因与各生育期淹水时地表水 $NO_3^- - N$ 浓度有关,因为淹水时测坑保持一定渗漏量,地表水通过下渗补充地下水,当淹水时地表水 $NO_3^- - N$ 浓度低于地下水 $NO_3^- - N$ 浓度时,地下水的 $NO_3^- - N$ 浓度会逐渐降低,反之则会上升,加之水稻的吸收利用以及反硝化作用,地下水 $NO_3^- - N$ 浓度会呈下降趋势。涝转旱后,土壤含氧量增加,加快了土壤中的 $NH_4^+ - N$ 向 $NO_3^- - N$ 进行转化,此时地下水 $NO_3^- - N$ 浓度会出现短暂升高,受旱程度加重后,土壤中微生物活动及酶活性降低,硝化作用减弱,再加上重度旱胁迫下水稻根系的纵向衍生加快了对 $NO_3^- - N$ 的吸收利用,地下水 $NO_3^- - N$ 浓度逐渐降低。

3 年试验结果表明,各生育期 HZL 处理地下水 $NO_3^- - N$ 平均浓度较 LZH 处理分别增加了 31.5%、19.9%、8.5%和 14.3%,分蘖期和拔节孕穗期差异比较显著($P<0.05$),而抽穗开花期及乳熟期差异不明显。

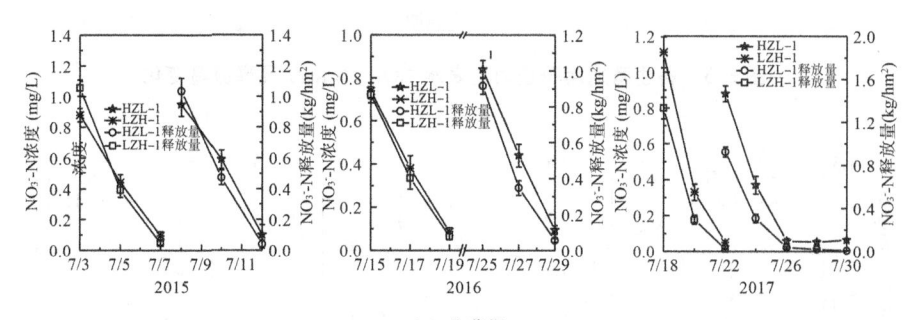

(a) 分蘖期

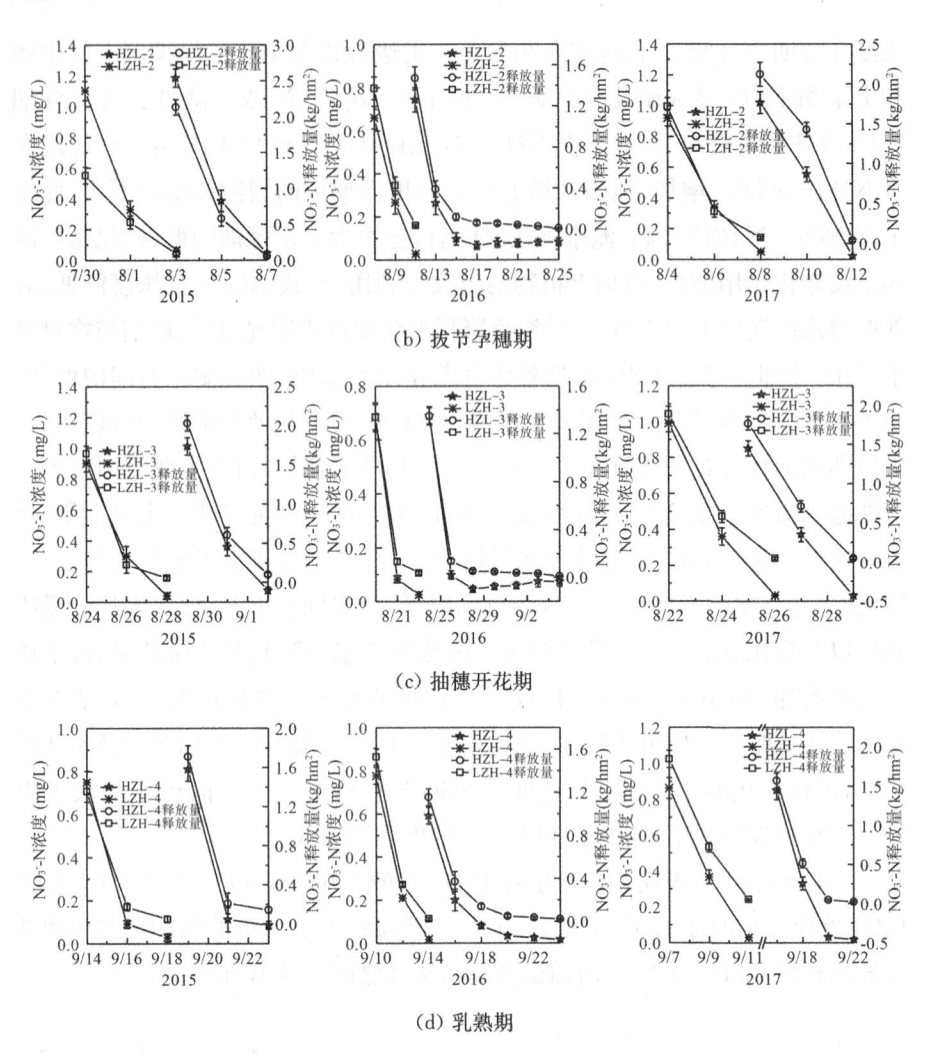

图 5.5　各生育期涝胁迫时地表水 $NO_3^- - N$ 浓度及释放量变化

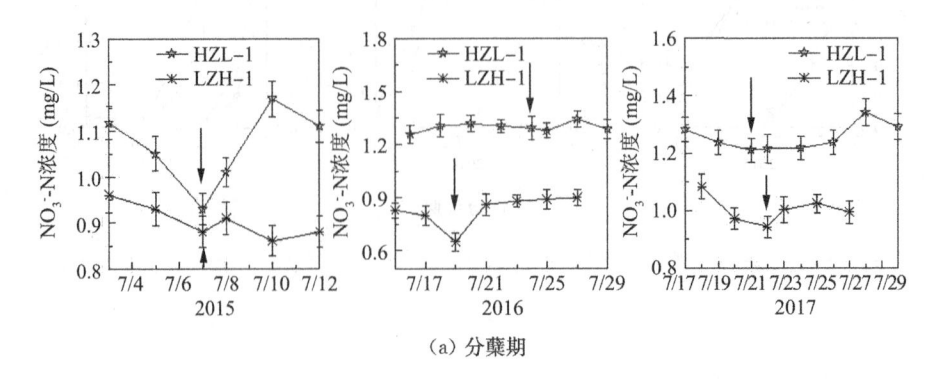

（a）分蘖期

(b) 拔节孕穗期

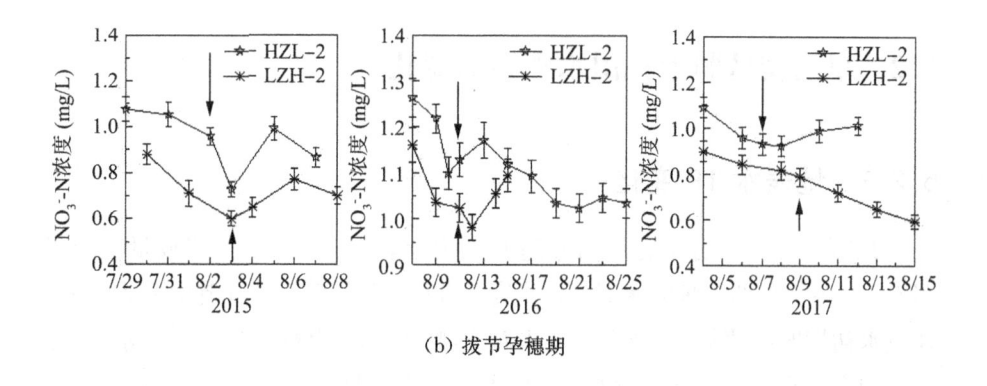

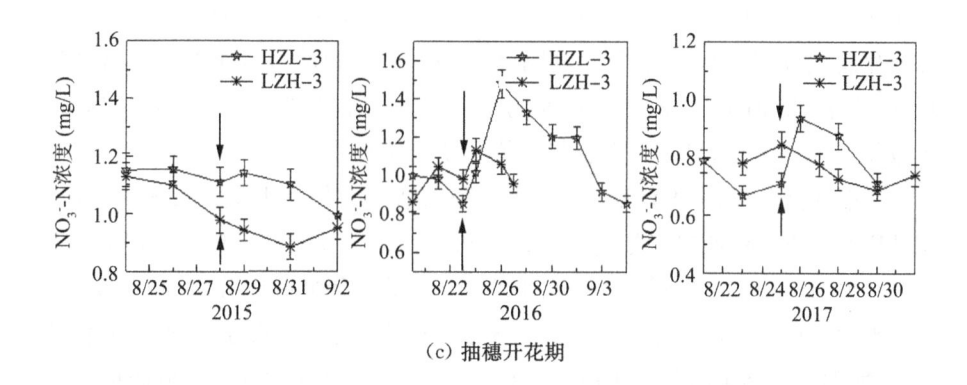

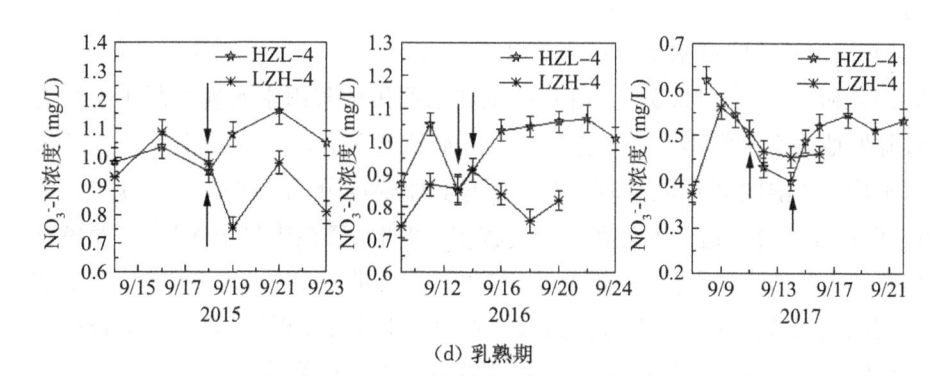

(c) 抽穗开花期

(d) 乳熟期

注：箭头表示涝转旱或旱涝急转当天。

图5.6 各生育期旱涝交替胁迫时地下水 $NO_3^- - N$ 浓度变化

5.2 旱涝交替胁迫稻田水磷素的变化

5.2.1 地表水 TP 变化

2015—2017 年各生育期涝胁迫时稻田地表水 TP 浓度及释放量变化见图 5.7。各生育期处理淹水时 TP 浓度及 TP 释放动态变化趋势基本一致，在淹水初期时数值较大，原因是灌水对土壤的扰动，土壤颗粒悬浮于水中，被土壤固定的磷素重新溶于水中，提高了磷的有效性。随着淹水时间的增加，各生育期处理 TP 浓度逐渐降低，主要原因是稻田水中土壤颗粒的逐渐沉淀。部分生育期处理淹水后期 TP 浓度有所回升，这可能是因为随着淹水时间的增加，土壤 Eh 值降低，Fe^{3+} 被还原为 Fe^{2+}，结合态 P 转换为溶解态 P 释放，土壤供磷能力增加；另一方面也与水位不断消耗有关。

3 年试验中，四个生育期 HZL 处理淹水结束时与淹水第一天相比，地表水 TP 平均浓度降低幅度分别为 30.0%~33.1%、11.0%~31.2%、19.9%~47.2% 和 21.6%~44.4%，地表水平均 TP 释放量降低幅度分别为 60.6%~90.0%、26.0%~51.8%、52.1%~93.9% 和 47.0%~56.3%；四个生育期 LZH 处理淹水结束时与淹水第一天相比，地表水 TP 平均浓度降低幅度分别为 4.1%~40%、30.0%~36.9%、7.2%~32.0% 和 15.2%~33.3%，地表水 TP 平均释放量降低幅度分别为 7.2%~32.0%、29.0%~50.0%、29.0%~50.0% 和 44.2%~52.5%。由此可见利用稻田调蓄雨水实现控制排水可有效降低地表水中磷素浓度及释放量。淹水到第 5 d，HZL 处理各生育期地表水平均 TP 浓度和释放量较 LZH 处理增加幅度分别为 9.1%~31.4% 和 13.6%~30.8%，这是因为在干旱过程中，初期好氧微生物快速生长，使磷富集在增长的微生物群落中，进一步干燥时，微生物死亡，再次复水时，微生物吸收利用的磷被释放出来，这与张志剑等的研究结论相似，即干湿交替的环境能够显著提高土壤磷素的有效性，提高磷素的溶解活性。

5.2.2 地下水 TP 变化

2015—2017 年各生育期 HZL 处理和 LZH 处理地下水 TP 浓度变化见图 5.8。各生育期 HZL 处理，受旱阶段地下水 TP 浓度在作物吸收及土壤对磷的吸附等作用下呈降低趋势，但变化幅度不大；旱后复水后地下水 TP 浓度

(a) 分蘖期

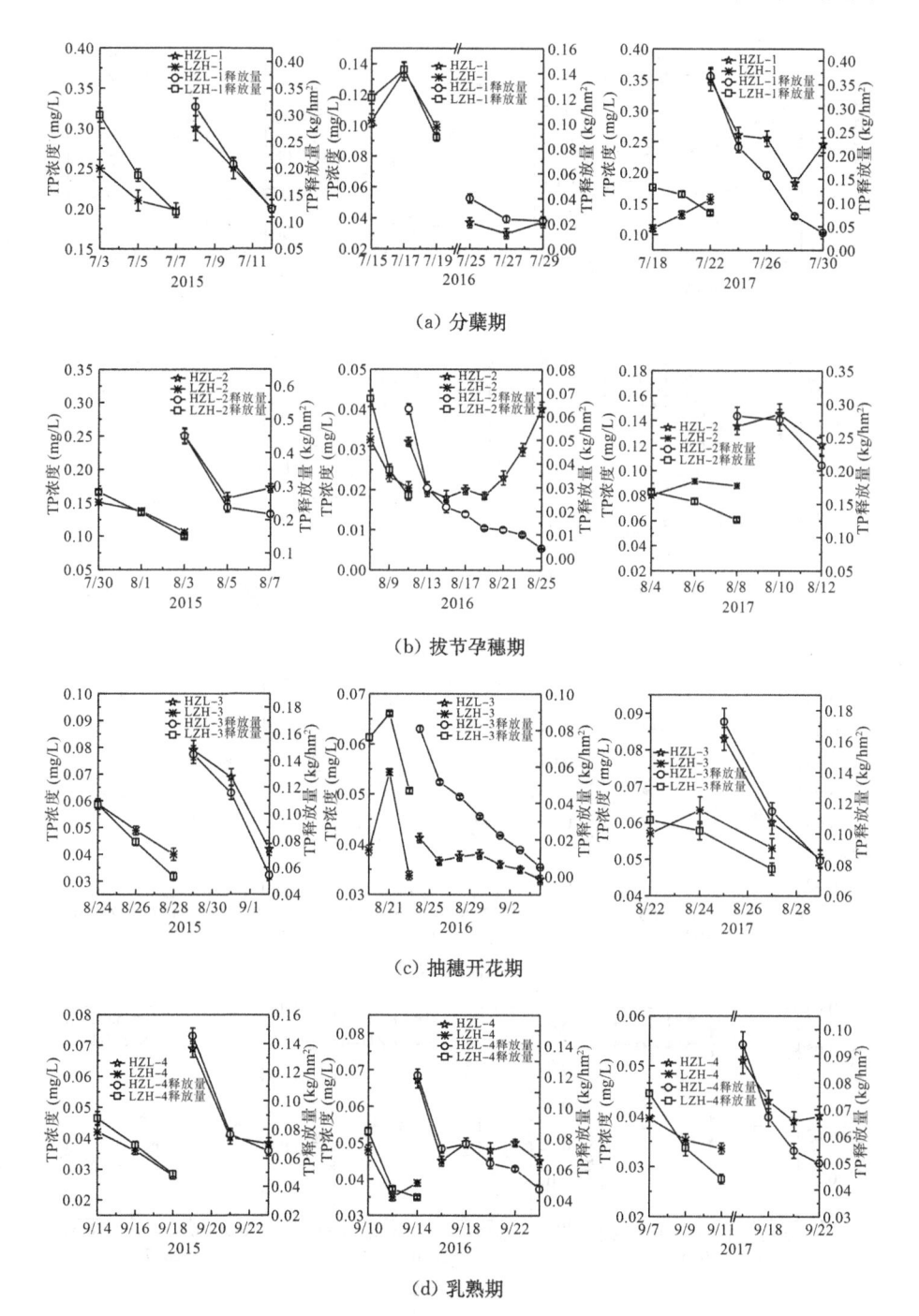

(b) 拔节孕穗期

(c) 抽穗开花期

(d) 乳熟期

图 5.7 稻田各生育期控制灌排时地表水 TP 浓度变化（2015—2017 年）

105

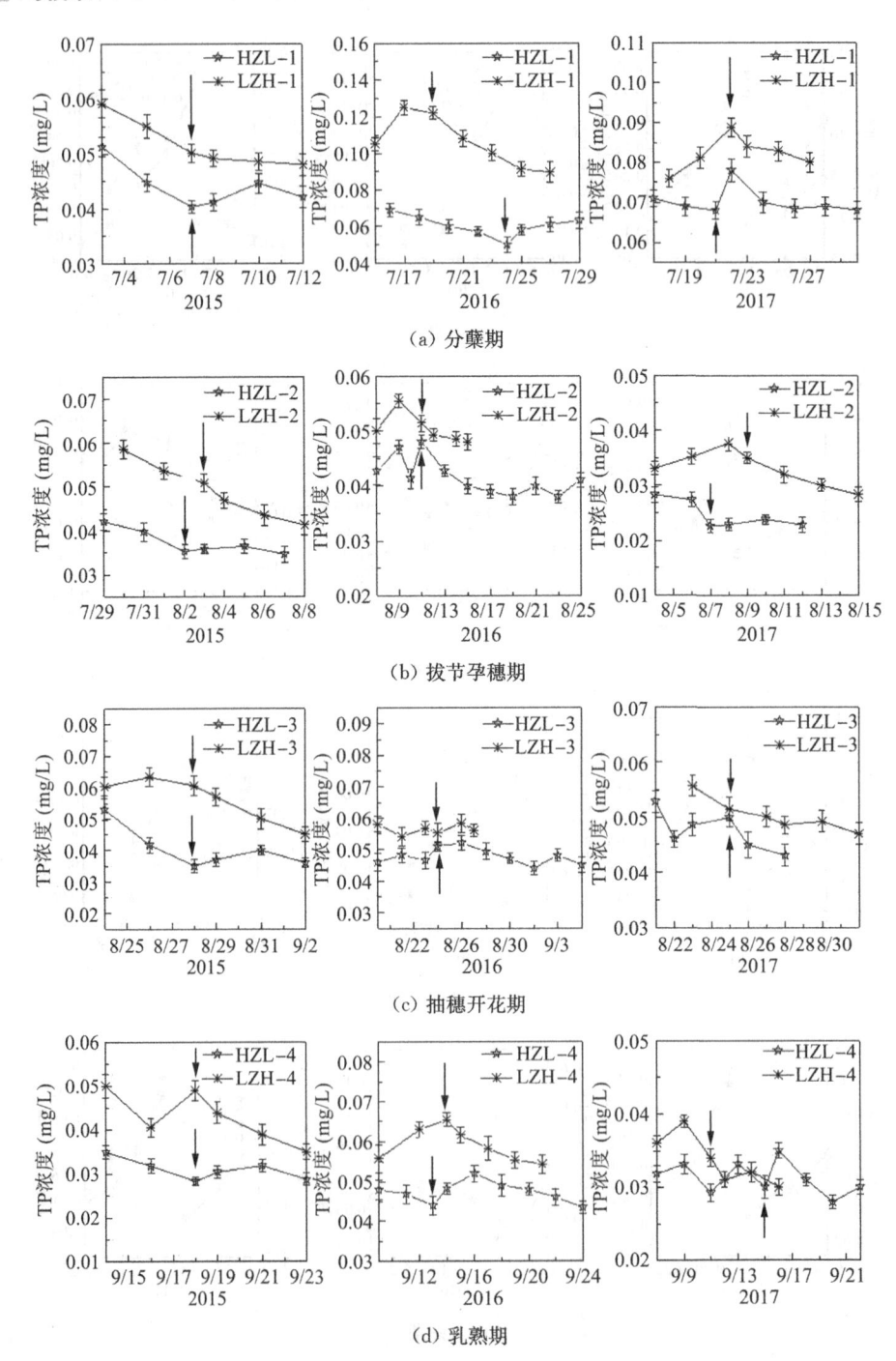

注：箭头表示涝转旱或旱涝急转当天。

图 5.8 稻田各生育期控制灌排时地下水 TP 变化（2015—2017 年）

出现先增加后降低的趋势,这是因为持续性干旱使田面形成裂隙,复水后地表水顺着土壤缝隙补充地下水,悬浮于水中或溶解到水中的磷补充到地下水使 TP 浓度增大,之后随着植物的吸收利用及土壤吸附的作用下地下水 TP 浓度有所下降,但下降幅度比较小。各生育期 LZH 处理地下水 TP 浓度在淹水初期略有升高,随后逐渐下降,原因是淹水期间测坑保持 2 mm/d 的渗漏量,地表水不断补充地下水,当土壤 P 达到吸附饱和时,土壤中的磷也会产生淋溶,使地下水 TP 浓度升高,随着含水层土壤的吸附及作物的吸收,地下水的 TP 浓度又逐渐降低;涝后受旱时由于没有地表水的补给,地下水 TP 浓度则逐渐降低并维持稳定。3 年试验结果表明,各 LZH 处理地下水 TP 平均浓度较 HZL 平均浓度分别高 28.2%、18.3%、15.6%和 18.3%,说明 LZH 处理地下水 TP 浓度要高于 HZL 处理。

5.3 旱涝交替胁迫稻田氮磷流失量分析

稻田氮磷造成面源污染主要有两种方式:一种方式是随着径流流入各种水体,造成水体富营养化;另一种方式是随着土壤溶液的垂向渗漏进入地下水,对地下水造成污染。很多研究表明水稻控制灌溉具有节水、增产及减排效果,稻田控制排水能有效减少稻田排水量及氮磷流失量,本节将分析旱涝交替胁迫条件下的稻田氮磷流失量。

稻田氮磷流失量为稻田地表排水流失和地下渗漏流失之和,稻田地表流失量为生育期内地表每次排水量与排水时氮磷浓度乘积的累积值,地下渗漏流失量为生育期内渗漏水量和渗漏水中氮磷浓度乘积的累积值。

5.3.1 旱涝交替胁迫期间稻田地表水潜在氮磷减排量

试验设计的各生育期旱涝交替胁迫处理是模拟缺水受旱和雨后受涝的情况。若这种情况实际发生时,受旱期间稻田没有排水,暴雨时通过稻田调蓄达到设计的淹水上限,虽然水稻受到一定程度的涝胁迫,但减少了稻田地表排水。如果将设计的淹水上限减去水稻适宜水层上限定义为暴雨后潜在排水量,则潜在排水量乘以蓄水第一天的地表水氮磷浓度即为稻田地表水潜在氮磷减排量。以此计算出各处理旱涝交替胁迫期间稻田地表水潜在氮磷减排量,见表 5.1。

表 5.1 单个生育期旱涝交替胁迫期间稻田地表水潜在氮磷减排量

单位：kg/hm²

氮磷形态	年份	HZL1	HZL2	HZL3	HZL4	LZH1	LZH2	LZH3	LZH4
TN	2015	2.40	3.70	3.08	2.99	2.28	2.77	2.82	2.46
	2016	2.28	3.74	2.75	2.71	1.68	2.99	2.79	2.44
	2017	2.28	4.07	3.96	3.43	1.94	3.39	3.70	3.08
	平均	2.32	3.84	3.26	3.04	1.97	3.05	3.10	2.66
NH_4^+-N	2015	1.25	1.43	0.88	0.84	1.26	1.80	0.77	0.77
	2016	1.03	1.76	1.45	1.12	0.98	1.14	1.25	0.88
	2017	1.32	1.63	1.43	1.34	1.00	1.50	1.03	1.28
	平均	1.20	1.61	1.25	1.10	1.08	1.48	1.02	0.98
NO_3^--N	2015	1.18	2.71	2.22	1.80	1.02	2.42	2.00	1.63
	2016	1.01	1.65	1.54	1.32	0.89	1.45	1.50	1.69
	2017	1.06	2.31	1.87	1.89	1.32	1.91	2.16	1.87
	平均	1.08	2.22	1.88	1.67	1.08	1.93	1.88	1.73
TP	2015	0.36	0.55	0.17	0.15	0.30	0.33	0.13	0.09
	2016	0.05	0.08	0.09	0.15	0.12	0.07	0.08	0.11
	2017	0.42	0.30	0.18	0.11	0.13	0.18	0.13	0.09
	平均	0.28	0.31	0.15	0.14	0.19	0.19	0.11	0.09

5.3.2 单个生育期旱涝交替胁迫氮磷素流失量

单个生育期旱涝交替胁迫各处理氮磷流失量见表 5.2。3 年试验中，与控制灌溉（CK）相比，旱涝交替胁迫各处理 TN 平均流失量降低了 34.3%～50.0%，NH_4^+-N 平均流失量降低了 44.1%～70.1%，NO_3^--N 平均流失量降低了 46.7%～63.1%，TP 平均流失量降低了 30.1%～55.8%，均达到显著水平（$P<0.05$）。

3 年试验中，HZL 各处理平均 TN 流失量较 LZH 各处理分别提高了 16.5%、11.5%、5.5% 和 －2.5%，差异不显著；HZL 各处理平均 NH_4^+-N 流失量较 LZH 各处理分别增加了 18.2%、7.9%、4.6% 和 5.3%，差异不显著；HZL 各处理平均 NO_3^--N 流失量较 LZH 各处理分别增加了 12.3%、8.9%、15.6% 和 2.3%，差异不显著；HZL 各处理平均 TP 流失量较 LZH 各处理提高了 5.7%、11.8%、－2.9% 和 12.2%，差异不显著。以上结果表明，HZL 各处理较 LZH 各处理氮磷流失风险增大,但是差异均不显著。

表 5.2　单个生育期旱涝交替胁迫稻田氮磷流失量

单位:kg/hm²

氮磷形态	年份	HZL1	HZL2	HZL3	HZL4	LZH1	LZH2	LZH3	LZH4	CK
TN	2015	1.795[e]	2.621[b]	2.286[cd]	2.084[d]	1.759[e]	2.464[bc]	2.250[cd]	2.064[d]	3.382[a]
	2016	1.743[de]	2.489[b]	1.989[cd]	1.978[cd]	1.458[e]	2.270[bc]	1.889[cd]	2.016[c]	3.951[a]
	2017	2.179[b]	2.255[b]	2.156[b]	1.551[d]	1.694[cd]	2.150[b]	1.872[c]	1.679[cd]	3.884[a]
	平均	1.906[de]	2.455[b]	2.143[cd]	1.871[de]	1.636[e]	2.202[bc]	2.031[c]	1.920[d]	3.739[a]
NH_4^+-N	2015	0.335[c]	0.644[b]	0.503[bc]	0.414[bc]	0.325[c]	0.559[b]	0.505[bc]	0.451[bc]	0.928[a]
	2016	0.487[cd]	0.679[b]	0.505[cd]	0.555[c]	0.389[d]	0.562[bc]	0.498[cd]	0.507[cd]	1.310[a]
	2017	0.438[ef]	0.768[b]	0.709[bc]	0.593[cde]	0.352[f]	0.725[bc]	0.638[bcd]	0.526[de]	1.325[a]
	平均	0.420[ef]	0.664[b]	0.572[cd]	0.521[d]	0.355[f]	0.615[bc]	0.547[cd]	0.495[de]	1.188[a]
NO_3^--N	2015	0.855[ef]	1.208[b]	1.130[bcd]	1.171[bc]	0.803[f]	1.079[bcd]	1.041[cd]	1.003[de]	2.035[a]
	2016	0.845[c]	1.145[b]	1.125[b]	0.830[c]	0.709[c]	1.090[b]	0.832[c]	0.833[c]	2.131[a]
	2017	0.896[ef]	0.983[b]	0.882[bc]	0.775[cde]	0.799[f]	0.893[bc]	0.840[bcd]	0.777[de]	2.101[a]
	平均	0.865[de]	1.112[b]	1.046[bc]	0.925[cde]	0.770[e]	1.021[bcd]	0.904[cde]	0.904[cde]	2.089[a]
TP	2015	0.111[c]	0.209[a]	0.124[c]	0.131[bc]	0.09[c]	0.198[ab]	0.122[c]	0.127[c]	0.244[a]
	2016	0.070[cd]	0.062[d]	0.073	0.121[bc]	0.148[b]	0.071[cd]	0.088[c]	0.096[bcd]	0.206[a]
	2017	0.188[b]	0.222[ab]	0.137[bc]	0.098[c]	0.106[c]	0.172[b]	0.134[bc]	0.089[c]	0.256[a]
	平均	0.123[cd]	0.164[b]	0.111[cd]	0.117[cd]	0.116[cd]	0.147[bc]	0.115[cd]	0.104[d]	0.235[a]

注:某一元素同一年份各处理 a、b、c、d、e 表示显著性差异($P<0.05$)。

本章参考文献

[1] Salazar O, Wesstrom I, Youssef M A, et al. Evaluation of the DRAINMOD-N II model for predicting nitrogen losses in a loamy sand under cultivation in south-east Sweden[J]. Agricultural Water Management, 2009, 96(2): 267-281.

[2] 杜璇, 冯浩, Helmers M J, 等. DRAINMOD-N II 模拟冬季长期覆盖黑麦对地下排水及 NO_3^--N 流失的影响[J]. 农业工程学报, 2017, 33(12): 153-161.

[3] 俞双恩. 以农田水位为调控指标的水稻田间灌排理论研究[D]. 南

京:河海大学,2008.

[4] 高世凯,俞双恩,王梅,等. 旱涝交替下控制灌溉对稻田节水及氮磷减排的影响[J]. 农业工程学报,2017,33(05):122-128.

[5] 吴蕴玉,张展羽,郝树荣,等. 不同灌溉模式稻田氮素淋失特征[J]. 节水灌溉,2019(03):71-75+81.

[6] Sander T, Gerke H H. Preferential flow patterns in paddy fields using a dye tracer[J]. Vadose Zone Journal, 2007, 6(1): 105-115.

[7] 崔远来,李远华,吕国安,等. 不同水肥条件下水稻氮素运移与转化规律研究[J]. 水科学进展,2004(03):280-285.

[8] Wang C, Wan S, Xing X, et al. Temperature and soil moisture interactively affected soil net N mineralization in temperate grassland in Northern China[J]. Soil Biology & Biochemistry, 2006, 38(5): 1101-1110.

[9] Pandey A, Li F, Askegaard M, et al. Nitrogen balances in organic and conventional arable crop rotations and their relations to nitrogen yield and nitrate leaching losses[J]. Agriculture, Ecosystems & Environment, 2018, 265: 350-362.

[10] Xiang S, Doyle A, Holden P A, et al. Drying and rewetting effects on C and N mineralization and microbial activity in surface and subsurface California grassland soils[J]. Soil Biology & Biochemistry, 2008, 40(9): 2281-2289.

[11] Muhr J, Franke J, Borken W. Drying-rewetting events reduce C and N losses from a Norway spruce forest floor[J]. Soil Biology & Biochemistry, 2010, 42(8): 1303-1312.

[12] Nan Z, Wang X, Du Y, et al. Critical period and pathways of water borne nitrogen loss from a rice paddy in northeast China[J]. Science of The Total Environment, 2021, 753: 142116.

[13] 杨士红,彭世彰,徐俊增. 控制灌溉稻田部分土壤环境因子变化规律[J]. 节水灌溉,2008(12):1-4+8.

[14] 彭世彰,熊玉江,罗玉峰,等. 稻田与沟塘湿地协同原位削减排水中氮磷的效果[J]. 水利学报,2013,44(06):657-663.

[15] 俞双恩,李偲,高世凯,等. 水稻控制灌排模式的节水高产减排控污效果[J]. 农业工程学报,2018,34(07):128-136.

[16] Ku H, Hayashi K, Agbisit R, et al. Effect of calcium silicate on nutrient use of lowland rice and greenhouse gas emission from a paddy soil under alternating wetting and drying[J]. Pedosphere, 2020, 30(4): 535-543.

[17] Cai F, Feng Z, Zhu L. Effects of biochar on CH_4 emission with straw application on paddy soil[J]. Journal of Soils and Sediments, 2018, 18(2): 599-609.

[18] Miura M, Jones T G, Hill P W, et al. Freeze-thaw and dry-wet events reduce microbial extracellular enzyme activity, but not organic matter turnover in an agricultural grassland soil[J]. Applied Soil Ecology, 2019, 144: 196-199.

[19] Hua L, Zhai L, Liu J, et al. Characteristics of nitrogen losses from a paddy irrigation-drainage unit system[J]. Agriculture, Ecosystems & Environment, 2019, 285: 106629.

[20] Nguyen B, Marschner P. Effect of drying and rewetting on phosphorus transformations in red brown soils with different soil organic matter content[J]. Soil Biology & Biochemistry, 2005, 37(8): 1573-1576.

[21] Mondini C, Contin M, Leita L, et al. Response of microbial biomass to air-drying and rewetting in soils and compost[J]. Geoderma, 2002, 105(1): 111-124.

[22] 张志剑, 王光火, 王珂, 等. 模拟水田的土壤磷素溶解特征及其流失机制[J]. 土壤学报, 2001(01): 139-143.

[23] Sander T, Gerke H H. Preferential flow patterns in paddy fields using a dye tracer[J]. Vadose Zone Journal, 2007, 6(1): 105-115.

[24] Janssen M, Lennartz B. Characterization of preferential flow pathways through paddy bunds with dye tracer tests[J]. Soil Science Society of America Journal, 2008, 72(6): 1756-1766.

[25] 刘钦普. 农田氮磷面源污染环境风险研究评述[J]. 土壤通报, 2016, 47(06): 1506-1513.

第六章
旱涝交替胁迫对稻田土壤微环境的影响

水稻的生长发育主要受水、肥、气、热四大土壤肥力因子的影响,水是主导因子,以水调气、以水调温、以水调肥是水稻高产栽培的基础。土壤含水量、土壤氮磷含量、土壤氧化还原电位 Eh、土壤温度分别是衡量土壤水、肥、气、热的指标。土壤水肥气热的改变就构成了土壤微环境的变化。旱涝交替胁迫条件下稻田土壤水分变化特征在第四章已经介绍,本章主要介绍旱涝交替胁迫稻田土壤 Eh、养分及温度的变化情况。

6.1 旱涝交替胁迫稻田土壤氧化还原电位变化

土壤氧化还原电位是表示土壤氧化还原性程度的一个综合性指标,以 Eh 表示,单位为 mV。Eh 的大小取决于土壤中氧化态物质和还原态物质的性质与浓度,而氧化态物质和还原态物质的浓度直接受土壤通气性强弱的控制。土壤通气性好,土壤中含氧量高,土壤溶液中的氧浓度也高,影响溶液中氧化还原物质系统的转化,使氧化态物质增加,Eh 值升高;土壤通气性差时,土壤中含氧量低,还原态物质增多,Eh 值下降。氧化还原电位是决定土壤中养分转化方向的一个重要因素。影响土壤氧化还原电位的主要因素包括:土壤通气性、土壤水分状况、植物根系的代谢作用以及土壤中易分解的有机质含量等。

2015 年各生育期 HZL 处理、LZH 处理及 CK 处理 15 cm 土层 Eh 值变化见图 6.1。受旱时随着地下水位不断下降,Eh 值不断上升,最高能达到 250 mV;受涝时随着淹水时间延长,Eh 值不断下降,最低能达到 −150 mV。由此可见土壤 Eh 值与土壤水分变化关系密切,当稻田淹水时,土壤孔隙充满了水分,土壤含氧量降低,微生物会分解出 CO_2、H_2S、有机酸类及低价 Fe、

Mn 等，使土壤中的还原物质增多，Eh 值随之下降。以往研究表明当 Eh 值长期处于 -100 mV 以下时，会对稻田生长造成严重伤害；当田面无水层时，土壤中含氧量增加，氧化物质增多，相对还原物质减小，土壤 Eh 值随之增加。

(a) 分蘖期

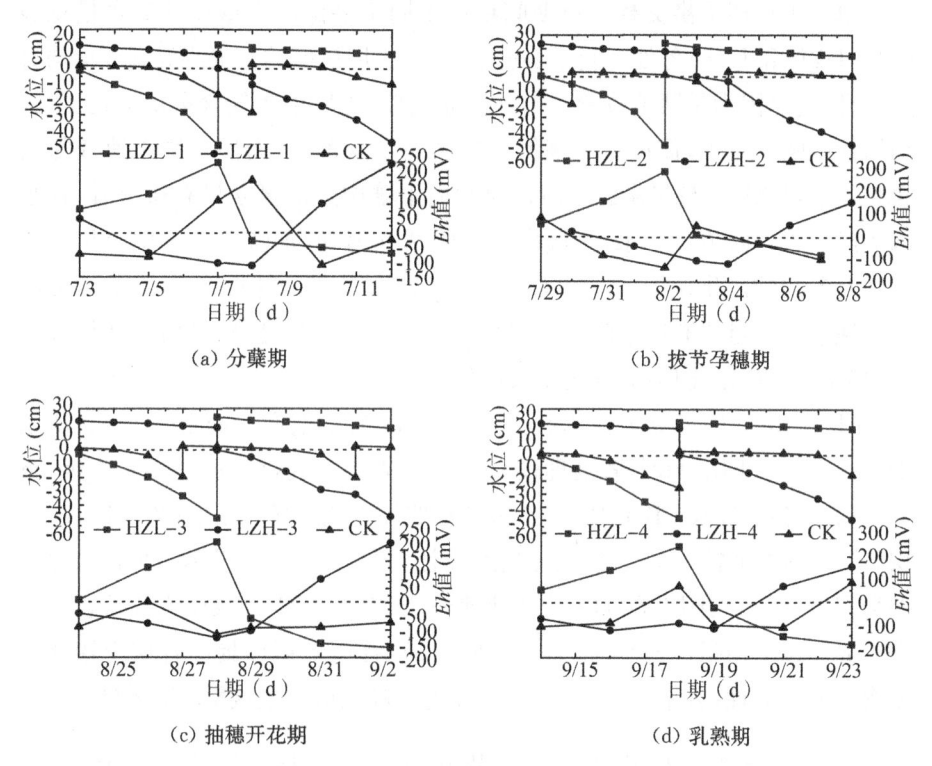

(b) 拔节孕穗期

(c) 抽穗开花期

(d) 乳熟期

图 6.1　各生育期不同处理稻田 15 cm 土层 Eh 值变化（2015 年）

6.2　旱涝交替胁迫稻田土壤速效养分变化

土壤养分是作物生长中所必需的营养元素，极易受到外界环境的影响，比如气候、作物生长进程以及耕作管理措施都会在一定程度上影响土壤养分的含量，土壤养分的变化对农作物的生长产生直接影响。

6.2.1　旱涝交替胁迫不同土层土壤速效氮含量变化

土壤速效氮是农作物生长发育过程中的重要营养成分之一，其含量与土壤有机质含量有关，是衡量土壤有效养分的重要指标。由于土壤速效氮主要来源于人工施肥和植物降解，其分布主要在土壤耕作层，其含量随土层深度而降低。土壤速效氮不仅受施用氮肥的影响,而且也受田间水分状况的影响。

(1) 单个生育期旱涝交替胁迫不同土层土壤速效氮的变化

单个生育期旱涝交替胁迫期间稻田不同土层深度土壤速效氮含量见表 6.1。HZL 和 LZH 各处理受旱胁迫期间,各土层深度的土壤速效氮含量均有所上升,这是因为旱胁迫改善了土壤的通气性,土壤中氧气含量增加,土壤脲酶活性也随之增强,促进了土壤氮肥的进一步降解,进而使土壤中速效氮的含量增加,HZL 处理旱涝急转后短时间内土壤中速效氮含量有所上升,这是因为经历干旱胁迫后复水,土壤中微生物活性增加,加快了土壤中有机碳和其他营养物的矿化作用。HZL 和 LZH 各处理受涝胁迫期间,各土层深度的土壤速效氮含量均有所下降,原因是淹水胁迫下,土壤通透性降低,还原性增强,抑制了氮的硝化作用,促进了反硝化作用。

HZL 和 LZH 各处理控水结束时各层土壤速效氮含量较 CK 均有所增加:0~20 cm 土层,HZL 各处理较 CK 相比,差异达到显著水平($P<0.05$,下同),LZH 各处理较 CK 相比,除拔节孕穗期外也达到显著水平;20~40 cm 土层,HZL 各处理较 CK 相比,差异达到显著水平,LZH 各处理较 CK 没有显著差异;40~60 cm 土层,除 HZL-2 处理外,HZL 和 LZH 各处理较 CK 没有显著差异。以上结果说明旱涝胁迫处理在一定程度上可以提高各层土壤速效氮含量的有效性,其中 HZL 处理可以显著提高表层土壤氮素的有效性。

(2) 连续两个生育期旱涝交替胁迫不同土层土壤速效氮的变化

连续两个生育期旱涝交替胁迫期间稻田不同土层深度土壤速效氮含量见表 6.2。各处理在两个生育期的旱胁迫和涝胁迫时土壤速效氮的变化过程与对应的单个生育期的旱胁迫和涝胁迫时土壤速效氮的变化过程相似。由于分蘖期和拔节孕穗分别期有一次追肥,所以 HZL-5、LZH-5 处理旱涝交替胁迫结束后各土层土壤速效氮含量较控水前均有所增加,其他处理旱涝交替胁迫结束后各土层土壤速效氮含量较控水前均有所减少。

HZL 各处理控水结束时各层土壤速效氮含量均高于同期 CK 处理:0~20 cm、20~40 cm 土层,HZL 各处理土壤速效氮含量较对照 CK 处理显著增加;40~60 cm 土层,HZL 各处理土壤速效氮含量较对照 CK 处理增加差异不显著。LZH 各处理控水结束时各层土壤速效氮含量除 LZH-5 外均高于同期 CK 处理:0~20 cm 土层,LZH 各处理土壤速效氮含量较对照 CK 处理存在显著差异,其中 LZH-5 显著降低,而 LZH-6、LZH-7 则显著增加;20~40 cm、40~60 cm 土层 LZH 各处理土壤速效氮含量较对照 CK 处理有增有减,但差异不显著。

表 6.1 单个生育期旱涝交替胁迫稻田不同土层深度土壤速效氮含量(2017 年)

单位:mg/kg

生育期	土层深度	处理	受旱(受涝)第 1 d	受旱(受涝)结束	受涝(受旱)第 1 d	受涝(受旱)结束	平均值
分蘖期	0~20 cm	HZL-1	24.6a	28.2a	28.5a	26.7a	27.0a
		LZH-1	24.2a	23.3b	23.8b	25.8a	24.3b
		CK	24.3a	24.0b	24.2b	24.4b	24.2b
	20~40 cm	HZL-1	18.3a	19.3a	19.6a	18.7a	19.0a
		LZH-1	17.3b	16.5b	16.0b	17.8ab	16.9b
		CK	17.5ab	17.3b	17.1b	17.2b	17.3b
	40~60 cm	HZL-1	15.1a	15.4a	15.3a	15.8a	15.4a
		LZH-1	15.0a	15.1a	14.9a	15.3a	15.1a
		CK	15.0a	14.8a	14.8a	14.7a	14.8a
拔节孕穗期	0~20 cm	HZL-2	26.0a	29.1a	29.3a	27.1a	27.9a
		LZH-2	25.7a	24.3c	24.1c	26.3ab	25.1b
		CK	25.8a	26.0b	25.9b	25.3b	25.8b
	20~40 cm	HZL-2	21.3a	22.3a	22.6a	22.1a	22.1a
		LZH-2	20.0b	19.5b	19.2b	19.9b	19.7b
		CK	20.9ab	20.5b	20.3b	20.4b	20.5b
	40~60 cm	HZL-2	17.2a	17.8a	17.4a	17.7a	17.5a
		LZH-2	17.0a	17.2ab	16.8a	17.1ab	17.0a
		CK	16.8a	16.5b	17.0a	16.6b	16.8a
抽穗开花期	0~20 cm	HZL-3	25.5a	28.3a	28.0a	27.2a	27.3a
		LZH-3	25.8a	24.3b	24.8b	26.4a	25.3b
		CK	22.8b	22.6c	22.7c	22.0b	22.5c
	20~40 cm	HZL-3	19.5a	21.6a	21.3a	20.8a	20.8a
		LZH-3	19.1a	18.6b	18.3c	19.5b	18.9b
		CK	19.8a	19.4b	19.6b	19.3b	19.5b
	40~60 cm	HZL-3	17.3a	17.8a	17.7a	17.9a	17.7a
		LZH-3	17.4a	17.1a	16.9a	17.2a	17.2a
		CK	17.2a	17.0a	16.8a	16.9a	17.0a

续表

生育期	土层深度	处理	受旱(受涝)第1d	受旱(受涝)结束	受涝(受旱)第1d	受涝(受旱)结束	平均值
乳熟期	0~20 cm	HZL-4	24.8a	26.3a	26.0a	25.3a	25.6a
		LZH-4	24.5a	24.0b	23.6b	25.0a	24.3b
		CK	22.1	21.8c	21.9c	20.6b	21.6c
	20~40 cm	HZL-4	19.0a	20.5a	20.1a	19.5a	19.8a
		LZH-4	18.8a	18.4b	18.1b	19.2ab	18.6b
		CK	18.3a	18.1b	18.4b	18.0b	18.2b
	40~60 cm	HZL-4	17.0a	17.4a	17.8a	17.3a	17.4a
		LZH-4	17.2a	16.9a	16.5a	17.3a	17.0a
		CK	16.5a	16.7a	16.6a	16.4a	16.6a

注：各生育期同一土层深度同一列 a、b 表示显著性差异（$P<0.05$）。

表6.2 连续生育期旱涝交替胁迫稻田不同土层土壤速效氮含量（2017年）

单位：mg/kg

生育期	土层深度	处理	第一次受旱(受涝)第1d	第一次受涝(受旱)结束	第二次受旱(受涝)第1d	第二次受涝(受旱)结束	平均值
分蘖期和拔节孕穗期	0~20 cm	HZL-5	25.6a	27.3a	26.9a	27.6a	26.8a
		LZH-5	24.2b	24.6b	23.5b	24.3c	24.1b
		CK	24.2b	24.4b	25.9a	25.6b	25.0b
	20~40 cm	HZL-5	19.3a	19.9a	21.1a	22.0a	20.5a
		LZH-5	16.8b	16.9b	19.2b	19.3b	18.0b
		CK	17.4b	17.2b	20.7a	20.4b	18.9b
	40~60 cm	HZL-5	15.7a	15.0a	16.6a	17.1a	16.1a
		LZH-5	14.1b	14.2b	17.2a	17.0a	15.6a
		CK	14.9ab	14.8a	16.7a	16.8a	15.8a
拔节孕穗期和抽穗开花期	0~20 cm	HZL-6	27.9a	28.7a	26.2a	26.9a	27.4a
		LZH-6	25.0b	25.1b	24.0b	24.3b	24.6b
		CK	25.9b	25.6b	22.7c	22.4c	24.4b
	20~40 cm	HZL-6	21.6a	22.3a	20.1a	20.7a	21.2a
		LZH-6	20.2b	20.5b	19.2b	19.0b	19.7b
		CK	20.7b	20.4b	19.6b	19.5b	20.0b
	40~60 cm	HZL-6	17.3a	18.0a	17.1a	17.3a	17.4a
		LZH-6	16.7a	16.8b	16.9a	17.1a	16.9a
		CK	16.7a	16.8b	17.1a	16.8a	16.8a

续表

生育期	土层深度	处理	第一次受旱（受涝）第1d	第一次受旱（受涝）结束	第二次受旱（受涝）第1d	第二次受旱（受涝）结束	平均值
抽穗开花期和乳熟期	0～20 cm	HZL-7	27.1^a	26.0^a	24.9^a	24.9^a	26.2^a
		LZH-7	24.8^b	25.3^a	23.7^b	23.7^b	24.3^b
		CK	22.7^c	22.4^b	22.0^c	21.3^c	22.1^c
	20～40 cm	HZL-7	20.6^a	21.0^a	18.9^a	19.2^a	19.9^a
		LZH-7	20.0^a	20.2^{ab}	18.2^a	18.2^a	19.1^a
		CK	19.6^a	19.5^b	18.2^a	18.2^a	18.9^a
	40～60 cm	HZL-7	17.9^a	18.1^a	17.3^a	17.5^a	17.7^a
		LZH-7	17.4^a	17.3^{ab}	17.2^a	17.0^a	17.2^a
		CK	17.1^a	16.9^b	16.9^a	16.8^a	16.9^a

注：各生育期同一土层深度同一列 a、b 表示显著性差异（$P<0.05$）。

6.2.2 旱涝交替胁迫不同土层土壤速效磷含量变化

土壤磷素也是作物生长中不可缺少的养分元素，磷素能够促进作物的光合作用、作物养分的运输和同化作物的形成。土壤中磷含量的适宜值是影响作物生长和产量的重要指标，也是指导农业精准施肥的重要参考。土壤施肥可以直接影响稻田土壤磷素的有效性，稻田不同的水分管理模式也会影响土壤磷素的有效性。

(1) 单个生育期旱涝交替胁迫不同土层土壤速效磷变化

单个生育期旱涝交替胁迫期间稻田不同土层土壤速效磷含量见表6.3。土壤速效磷主要分布在土壤表层，20～60 cm 土层土壤速效磷含量明显低于表层。HZL 和 LZH 各处理受旱胁迫期间，各土层深度的土壤速效磷含量均有所下降，在受涝胁迫期间各土层深度的土壤速效磷含量均有所上升。这是因为受旱时土壤通气性好，Eh 值高，土壤中金属离子如 Fe^{3+} 离子与土壤中速效磷反应，形成溶解度很低的化合物，土壤固磷能力增强，再加上水稻根系的吸收利用消耗部分速效磷，土壤有效磷含量降低；而在受涝淹水条件下，土壤 Eh 值降低，使 Fe—P 和 Al—P 等矿物经过溶解释放出来，使得土壤有效磷含量升高。旱后复水后，土壤速效磷含量也会上升，这是因为复水使富集在微生物群落中的磷素再一次释放出来，复水增加了土壤磷素的有效性和溶解性。

HZL 各处理旱涝交替胁迫结束时各层土壤速效磷含量均高于同期 CK 处理:0~20 cm 土层,除 HZL-1 处理土壤速效磷含量较对照 CK 处理增加不显著外,其他各处理土壤速效磷含量较对照 CK 处理均显著增加;20~40 cm、40~60 cm 土层,HZL 各处理土壤速效磷含量较对照 CK 处理增加差异不显著。LZH 各处理旱涝交替胁迫结束时各层土壤速效磷含量均低于同期 CK 处理,但除 LZH-2 处理 0~20 cm 土层土壤速效磷含量较对照 CK 处理存在显著差异外,其他 LZH 各处理各层土壤速效磷含量较对照 CK 处理差异不显著。

表 6.3 单个生育期旱涝交替胁迫期间稻田不同土层土壤速效磷含量(2017 年)

单位:mg/kg

生育期	土层深度	处理	受旱(受涝)第 1 d	受旱(受涝)结束	受涝(受旱)第 1 d	受涝(受旱)结束	平均值
分蘖期	0~20 cm	HZL-1	21.4[a]	20.2[a]	21.1[a]	21.8[a]	21.1[a]
		LZH-1	21.3[a]	22.0[a]	21.2[a]	20.2[b]	21.2[a]
		CK	21.2[a]	21.3[a]	21.4[a]	20.9[ab]	21.2[a]
	20~40 cm	HZL-1	13.7[a]	13.1[b]	14.1[a]	14.8[a]	13.9[a]
		LZH-1	13.8[a]	14.3[a]	14.0[a]	13.5[b]	13.9[a]
		CK	13.9[a]	13.6[ab]	13.8[a]	14.0[a]	13.8[a]
	40~60 cm	HZL-1	11.8[a]	11.6[a]	11.8[a]	12.1[a]	11.8[a]
		LZH-1	12.0[a]	12.1[a]	12.0[a]	11.7[a]	12.0[a]
		CK	11.7[a]	11.4[a]	11.6[a]	11.8[a]	11.6[a]
拔节孕穗期	0~20 cm	HZL-2	21.8[a]	19.7[b]	22.7[a]	23.5[a]	22.0[a]
		LZH-2	22.1[a]	22.8[a]	22.5[a]	19.8[c]	21.8[a]
		CK	21.6[a]	21.2[ab]	20.8[b]	21.5[b]	21.3[a]
	20~40 cm	HZL-2	14.3[a]	13.3[a]	14.1[a]	14.5[a]	14.1[a]
		LZH-2	14.1[a]	14.5[a]	14.2[a]	13.0[b]	14.0[a]
		CK	14.2[a]	13.9[ab]	14.1[a]	13.8[ab]	14.0[a]
	40~60 cm	HZL-2	12.0[a]	11.7[a]	12.1[a]	12.2[a]	12.0[a]
		LZH-2	11.9[a]	12.1[a]	12.2[a]	11.7[a]	12.0[a]
		CK	11.7[a]	11.8[a]	11.6[a]	11.5[a]	11.7[a]
抽穗开花期	0~20 cm	HZL-3	21.0[a]	19.1[b]	21.8[a]	22.3[a]	21.1[a]
		LZH-3	20.8[a]	21.5[a]	21.1[ab]	19.5[b]	20.7[a]
		CK	20.5[a]	20.2[b]	20.4[b]	20.6[b]	20.4[a]

续表

生育期	土层深度	处理	受旱(受涝)第1 d	受旱(受涝)结束	受涝(受旱)第1 d	受涝(受旱)结束	平均值
抽穗开花期	20～40 cm	HZL-3	14.2a	13.8a	14.2a	14.7a	14.2a
		LZH-3	14.0a	14.4a	14.2a	13.5b	14.0a
		CK	13.8a	14.0a	14.2a	14.3ab	14.1a
	40～60 cm	HZL-3	12.1a	11.8a	12.0a	12.3a	12.1a
		LZH-3	11.8a	12.4a	12.2a	11.3b	11.9a
		CK	11.7a	11.6a	11.9a	11.8ab	11.8a
乳熟期	0～20 cm	HZL-4	21.0a	20.1b	23.1a	22.7a	21.7a
		LZH-4	21.2a	22.4a	22.1ab	20.6a	21.6a
		CK	20.9a	21.0b	21.1b	21.2b	21.1a
	20～40 cm	HZL-4	14.6a	13.7b	14.5b	15.0a	14.5a
		LZH-4	15.0a	15.4a	15.6a	14.7a	15.2a
		CK	14.3a	14.5ab	14.8ab	15.3a	14.7a
	40～60 cm	HZL-4	12.0a	11.8a	12.0a	12.2a	12.0a
		LZH-4	12.0a	12.1a	12.0a	11.9a	12.0a
		CK	11.7a	11.6a	11.8a	11.8a	11.7a

注:各生育期同一土层深度同一列 a、b 表示显著性差异($P<0.05$)。

(2) 连续两个生育期旱涝交替胁迫不同土层土壤速效磷变化

连续两个生育期旱涝交替胁迫期间稻田不同土层土壤速效磷含量见表 6.4。各处理在两个生育期的旱胁迫和涝胁迫时土壤速效磷的变化过程与对应的单个生育期的旱胁迫和涝胁迫时土壤速效磷的变化过程相似。HZL、LZH 各处理在控水结束前后 0～20 cm、20～40 cm 土层土壤速效磷均有所降低,且 HZL 的降幅小于 LZH,而 40～60 cm 土层土壤速效磷基本不变。原因是 HZL 处理后期淹水增加了磷的有效性,LZH 后期干旱降低了磷的有效性,而深层土壤速效磷保持稳定。

HZL 各处理旱涝交替胁迫结束时,除 HZL-6 处理 0～20 cm 土层土壤速效磷含量较同期 CK 处理显著增加外,其他各处理不同土层土壤速效磷含量较同期 CK 处理均无明显差异;LZH 各处理旱涝交替胁迫结束时,除 LZH-5、LZH-7 处理 0～20 cm 土层土壤速效磷含量较同期 CK 处理明显降低外,其他各处理不同土层土壤速效磷含量较同期 CK 处理均无明显差异。

以上结果表明,各层土壤速效磷含量虽然受田间水分状况的影响,但总体变化幅度较小,即使在连续旱涝交替胁迫条件下,各土层土壤速效磷含量都基本保持稳定。

表6.4 连续两个生育期旱涝交替胁迫期间不同土层土壤速效磷含量(2017年)

单位:mg/kg

生育期	土层深度	处理	第一次受旱(受涝)第1 d	第一次受涝(受旱)结束	第二次受旱(受涝)第1 d	第二次受涝(受旱)结束	平均值
分蘖期和拔节孕穗期	0~20 cm	HZL-5	21.8[a]	21.5[a]	20.5[a]	21.2[a]	21.5[a]
		LZH-5	21.4[a]	21.0[a]	20.9[a]	19.9[b]	20.9[a]
		CK	21.2[a]	20.9[a]	21.4[a]	21.2[a]	21.2[a]
	20~40 cm	HZL-5	13.7[a]	14.3[a]	13.0[b]	13.3[b]	13.6[a]
		LZH-5	14.3[a]	14.3[a]	14.8[a]	14.3[a]	14.4[a]
		CK	13.8[a]	13.9[a]	14.1[a]	14.0[ab]	13.9[a]
	40~60 cm	HZL-5	11.6[a]	11.7[a]	11.9[a]	12.2[a]	11.9[a]
		LZH-5	11.9[a]	11.8[a]	12.1[a]	12.1[a]	12.0[a]
		CK	11.6[a]	11.7[a]	11.8[a]	11.6[a]	11.6[a]
拔节孕穗期和抽穗开花期	0~20 cm	HZL-6	21.9[a]	22.9[a]	20.2[a]	21.6[a]	21.4[a]
		LZH-6	22.9[a]	21.1[b]	20.8[a]	20.5[b]	21.3[a]
		CK	21.4[a]	21.2[b]	20.4[a]	20.5[b]	20.9[a]
	20~40 cm	HZL-6	14.3[a]	15.4[a]	13.8[a]	14.2[a]	14.4[a]
		LZH-6	14.2[a]	14.1[b]	13.3[a]	13.7[a]	14.1[a]
		CK	14.1[a]	14.0[b]	13.9[a]	14.3[a]	14.0[a]
	40~60 cm	HZL-6	11.7[a]	11.9[a]	11.4[a]	11.7[a]	11.7[a]
		LZH-6	11.9[a]	11.9[a]	11.5[a]	11.4[a]	11.6[a]
		CK	11.8[a]	11.6[a]	11.7[a]	11.9[a]	11.7[a]
抽穗开花期和乳熟期	0~20 cm	HZL-7	21.3[a]	22.3[a]	19.6[b]	21.1[a]	21.0[a]
		LZH-7	21.2[a]	21.0[b]	20.7[a]	19.7[b]	20.9[a]
		CK	20.4[a]	20.5[b]	21.0[a]	21.2[a]	20.7[a]
	20~40 cm	HZL-7	14.5[a]	14.4[a]	13.9[b]	14.3[a]	14.2[a]
		LZH-7	14.3[a]	13.9[a]	13.2[a]	13.3[b]	13.7[a]
		CK	13.9[a]	14.3[a]	14.4[ab]	14.1[a]	14.2[a]
	40~60 cm	HZL-7	11.9[a]	12.1[a]	11.8[a]	11.9[a]	11.9[a]
		LZH-7	11.8[a]	11.9[a]	11.7[a]	11.8[a]	11.8[a]
		CK	11.7[a]	11.9[a]	11.7[a]	11.8[a]	11.7[a]

注:各生育期同一土层深度同一列a、b表示显著性差异($P<0.05$)。

6.3 水稻种植前后不同土层土壤养分的变化

6.3.1 不同土层土壤全氮变化

(1) 单个生育期旱涝交替胁迫水稻种植前后土壤全氮变化

单个生育期旱涝交替胁迫各处理水稻种植前后不同土层土壤全氮含量变化见图 6.2。收割后各处理 0~20 cm、20~40 cm 及 40~60 cm 土层土壤全氮含量比泡田前减小幅度分别为 10.8%~16.6%、5.4%~9.0% 和 2.1%~4.0%；CK 处理收割后 0~20 cm、20~40 cm 及 40~60 cm 土层土壤全氮含量比泡田前分别下降了 20.6%、9.5% 和 4.3%。水稻种植前后各处理（包括CK）0~20 cm 土层土壤全氮含量减小幅度均达到显著水平；20~40 cm 土层土壤全氮含量减小幅度除 HZL-1、HZL-4、LZH-4 外也达到显著水平；40~60 cm 土层土壤全氮含量没有明显变化。表明水稻种植期间，由于植株的吸收以及氮的挥发和流失使得稻田中上层土壤全氮含量明显降低，为了保证土壤肥力不下降，在下茬作物种植时必须施用足够的氮肥，以满足作物生长的需要。

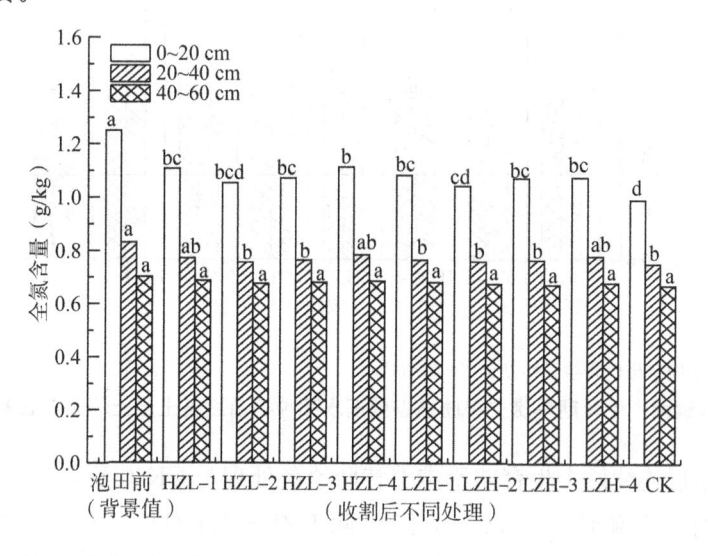

注：同图例不同字母代表差异性显著（$P<0.05$）。

图 6.2 单个生育期旱涝胁迫各处理水稻种植前后各土层土壤全氮含量（2017年）

种植后单个生育期旱涝交替胁迫各处理与CK相比,各土层土壤全氮含量均有所增加,0~20 cm土层,除HZL-2、LZH-2处理外均达到显著水平,20~40 cm、40~60 cm土层土壤全氮含量差异不显著,表明旱涝交替胁迫各处理较CK处理能较好地维持稻田耕层土壤全氮含量,保肥性能有所提高。

(2) 连续两个生育期旱涝交替胁迫水稻种植前后土壤全氮变化

连续两个生育期旱涝交替胁迫处理水稻种植前后不同土层土壤全氮含量变化见图6.3。收割后各处理0~20 cm、20~40 cm土层土壤全氮含量比泡田前减小幅度分别为11.9%~18.1%和6.0%~7.5%,而40~60 cm土层土壤全氮含量比泡田前增加幅度为3.0%~6.9%;CK处理收割后0~20 cm、20~40 cm及40~60 cm土层土壤全氮含量比泡田前分别下降了20.6%、9.5%和4.3%。种植前后各处理(包括CK)0~20 cm土层土壤全氮含量减小幅度均达到显著水平;20~40 cm土层土壤全氮含量减小幅度除CK外均未达到显著水平;40~60 cm土层土壤全氮含量没有明显变化。

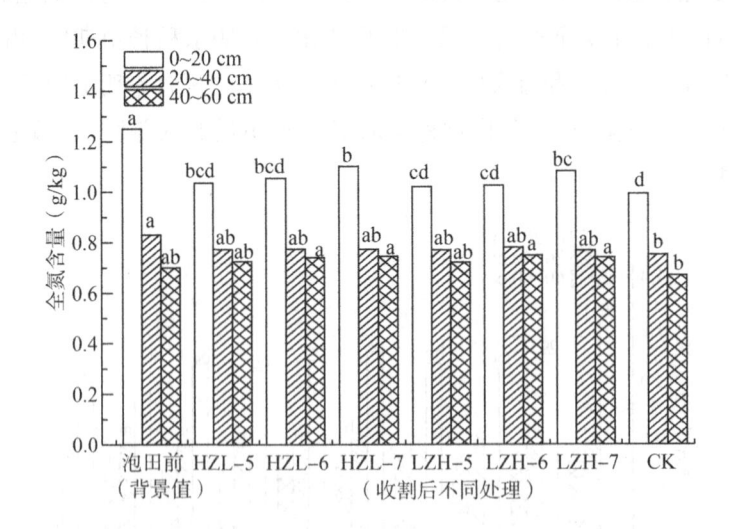

注:同图例不同字母代表差异性显著($P<0.05$)。

图6.3 连续两个生育期旱涝交替胁迫各处理水稻种植前后各土层土壤全氮含量(2017年)

种植后连续两个生育期旱涝交替胁迫各处理与CK相比,各土层土壤全氮含量均有所增加。0~20 cm土层,除HZL-7、LZH-7处理达到显著水平,其他各处理均未达到显著水平;20~40 cm土层土壤全氮含量差异不显著;40~60 cm土层土壤全氮含量除HZL-5、LZH-5处理外,其他处理均达到显著水平。表明连续两个生育期旱涝交替胁迫较 CK 处理不仅能较好地维持稻田耕层土壤全氮含量,而且还能增加下层土壤的全氮含量,提高土壤保肥性能。连续两个生育期旱涝交替胁迫与单个生育期旱涝胁迫相比,种植后 0~20 cm、20~40 cm 土层土壤全氮含量差异不大,40~60 cm 土层土壤全氮含量有所提高,这与反复旱涝交替促进了氮素向下迁移有关。

6.3.2 不同土层土壤速效氮变化

(1) 单个生育期旱涝交替胁迫水稻种植前后土壤速效氮变化

单个生育期旱涝交替胁迫各处理水稻种植前后不同土层土壤速效氮含量变化见图 6.4。土壤速效氮含量始终在 0~20 cm 土层处含量最高,并且随着土层深度的增加逐渐减少,表明土壤中速效氮大多存在于表层土中,这是因为表层土壤通气性好,土壤通气性良好可以加速有机质的分解,加速氮素的氨化和硝化过程。

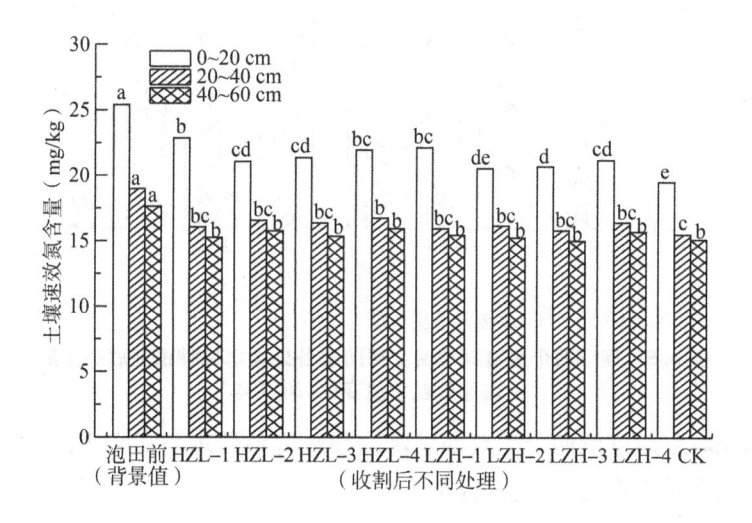

注:同图例不同字母代表差异性显著($P<0.05$)。

图 6.4 单个生育期旱涝交替胁迫各处理水稻种植前后各土层土壤速效氮变化(2017 年)

水稻收割后各处理(包括 CK)0~20 cm、20~40 cm 及 40~60 cm 土层土壤速效氮含量比泡田时显著降低。表明水稻种植期间,由于植株的吸收以及氮的挥发和流失使得稻田各土层土壤速效氮含量明显降低。

水稻收割后单个生育期旱涝交替胁迫各处理与 CK 相比,各土层土壤速效氮含量均有所增加,0~20 cm 土层,除 LZH-2 处理外均达到显著水平,20~40 cm 土层,除 HZL-4 处理达到显著水平外,其他处理差异不大,40~60 cm 土层差异不显著,表明旱涝交替胁迫各处理较 CK 处理能较好地维持稻田耕层土壤速效氮含量,能有效提高氮肥肥效。

(2) 连续两个生育期旱涝交替胁迫水稻种植前后土壤速效氮变化

连续两个生育期旱涝交替胁迫各处理水稻种植前后不同土层土壤速效氮含量变化见图 6.5。与单个生育期相似,水稻收割后各处理(包括 CK)0~20 cm、20~40 cm 及 40~60 cm 土层土壤速效氮含量比泡田时显著降低。

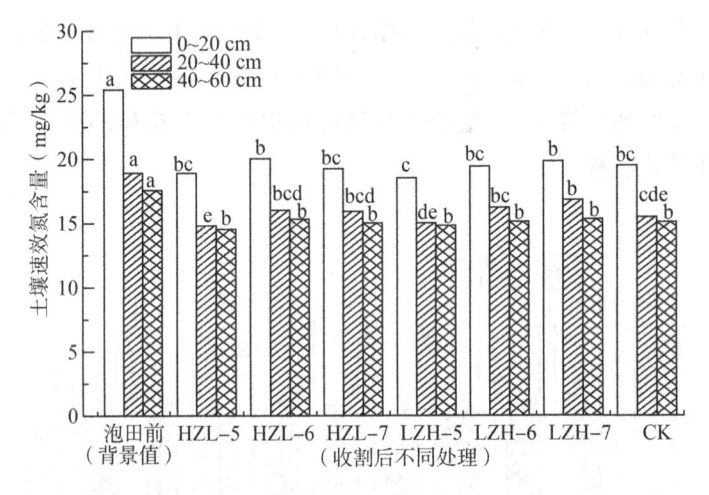

注:同图例不同字母代表差异性显著($P<0.05$)。

图 6.5 连续两个生育期旱涝交替胁迫各处理水稻种植前后各土层土壤速效氮含量变化(2017 年)

水稻收割后连续两个生育期旱涝交替胁迫各处理与 CK 相比,各土层土壤速效氮含量有增有减,但差异都不大。

6.3.3 不同土层土壤全磷变化

(1) 单个生育期旱涝交替胁迫水稻种植前后土壤全磷变化

单个生育期旱涝交替胁迫各处理水稻耕作前后不同土层深度土壤全磷含量变化见图 6.6。由于 40~60 cm 土层全磷含量较低且差异性极小,所以图中只展示了 0~20 cm、20~40 cm 土层土壤全磷含量的变化。土壤全磷含量主要分布在稻田表层,20~40 cm 土层全磷含量明显低于表层。这是因为施到农田的磷肥被表层土壤颗粒吸附,且不易向下流动所致。

水稻收割后各处理(包括CK)各土层土壤全磷含量比泡田时均有不同程度升高,其中,0~20 cm 土层除 CK 外均达到显著水平,20~40 cm 土层除 CK 达到显著水平外,其他旱涝交替胁迫处理均未达到显著水平。旱涝交替胁迫各处理与 CK 相比,0~20 cm 土层土壤全磷含量均有所提高,其中 HZL-1、HZL-4 达到显著水平,20~40 cm 土壤全磷含量均有所降低,但差异不显著。表明水稻泡田时磷肥作为基肥施用能较好地被表层土壤吸附,旱涝交替胁迫处理地表排水量减少,磷的流失量也少,因而提高了土壤表层磷的含量,保肥效果显著;而 CK 处理由于地表及地下排水量增加,表层土壤磷的流失量和向下层的迁移量也有所增加,所以土壤表层全磷含量有所降低,下层土壤全磷含量有所上升。

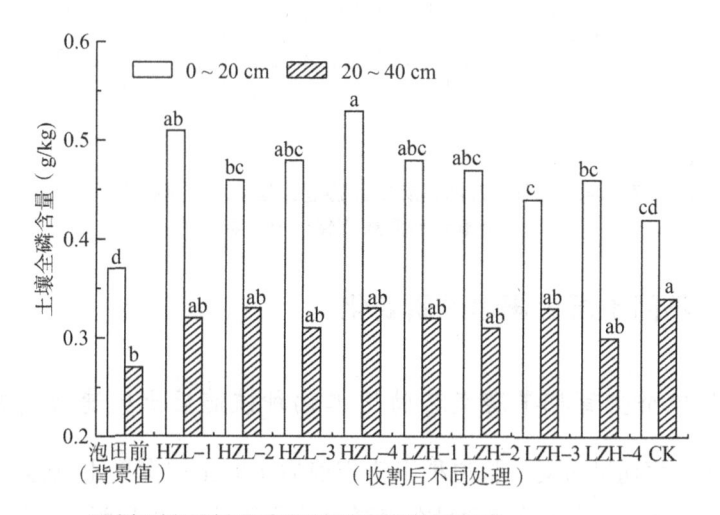

注:同图例不同字母代表差异性显著($P<0.05$)。

图 6.6 单个生育期旱涝交替胁迫各处理水稻种植前后
各土层土壤全磷含量变化(2017 年)

(2) 连续两个生育期旱涝交替胁迫水稻种植前后土壤全磷变化

连续两个生育期旱涝交替胁迫各处理水稻耕作前后不同土层深度土壤全磷含量见图 6.7。水稻收割后各处理(包括 CK)各土层土壤全磷含量比泡田时均有不同程度升高,其中,0~20 cm 土层 HZL-5、LZH-5、HZL-7、LZH-7 达到显著水平,20~40 cm 土层除 CK 外,其他旱涝交替胁迫处理均未达到显著水平。旱涝交替胁迫各处理与CK相比,0～20 cm土层土壤全磷含量均有所提高,其中HZL-7达到显著水平,20～40 cm土壤全磷含量均有所降低,但差异不显著。这些变化与单个生育期旱涝交替胁迫相似,表明土壤全磷在水分调控下的变化保持相对稳定。

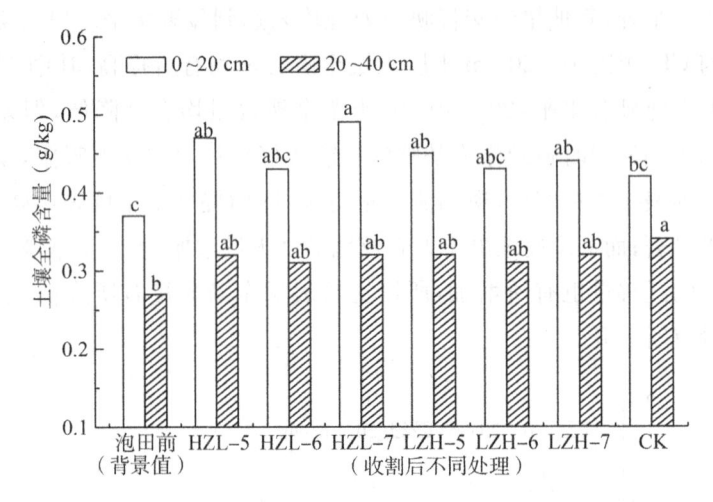

注:同图例不同字母代表差异性显著($P<0.05$)。

图6.7 连续两个生育期旱涝交替胁迫各处理水稻种植前后各土层土壤全磷含量变化(2017年)

6.3.4 不同土层土壤速效磷变化

(1) 单个生育期旱涝交替胁迫水稻种植前后土壤速效磷变化

单个生育期旱涝交替胁迫稻田耕作前后不同土层深度土壤速效磷含量变化见图6.8。土壤速效磷含量在表层含量最高,下层含量明显降低,与土壤全磷含量变化相似。

水稻收割后各处理(包括CK)各土层土壤速效磷含量比泡田时均有所升高,其中,0～20 cm土层除LZH-1、LZH-2处理外均达到显著水平,20～40 cm土层只有HZL-3、HZL-4、LZH-4、CK达到显著水平。旱涝交替胁迫各处理与CK相比,0～20 cm土层土壤速效磷含量有高有低,其中,HZL-4处理显著水平升高,LZH-1、LZH-2、LZH-3处理显著降低,其他处理无明显差异;20～40 cm土层土壤速效磷含量均有所降低,除HZL-3、HZL-4、LZH-4差异不显著外,其他处理均达到显著水平。

以上结果表明,由于磷肥作为基肥施用,使得水稻收割后各处理(包括CK)各土层土壤速效磷含量比泡田时均有所升高;旱涝交替胁迫各处理0～20 cm土层土壤速效磷含量与CK相比有高有低,说明农田水分变化对表层土壤速效磷含量变化影响不大,而旱涝交替胁迫各处理20～40 cm土层土壤速效磷含量均低于CK处理,说明旱涝交替胁迫能减轻土壤速效磷向下迁移。

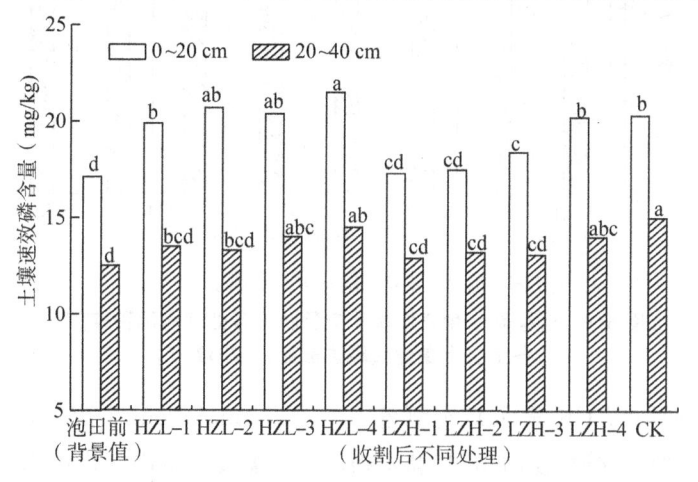

注:同图例不同字母代表差异性显著($P<0.05$)。

图6.8 单个生育期旱涝交替胁迫各处理水稻种植前后各土层土壤速效磷含量变化(2017年)

(2) 连续两个生育期旱涝交替胁迫水稻种植前后土壤速效磷变化

连续生育期旱涝交替胁迫稻田耕作前后不同土层深度土壤速效磷含量变化见图6.9。水稻收割后各处理(包括CK)各土层土壤速效磷含量比泡田时均有所升高,其中,0～20 cm土层除LZH-5处理外均达到显著水平,20～40 cm土层除HZL-5、HZL-6处理外均达到显著水平。旱涝交替胁迫各处理与CK相比,0～20 cm土层土壤速效磷含量HZL各处理显著升高,LZH各处理除LZH-7外显著降低;20～40 cm土层土壤速效磷含量均有所降低,其中HZL-5、HZL-6显著降低。再次表明农田水分变化对表层土壤速效磷含量变化影响不大。

6.4 旱涝交替胁迫稻田土壤温度日内变化

在各生育期旱涝交替胁迫处理中,选取涝胁迫(以L表示)、旱胁迫(以H

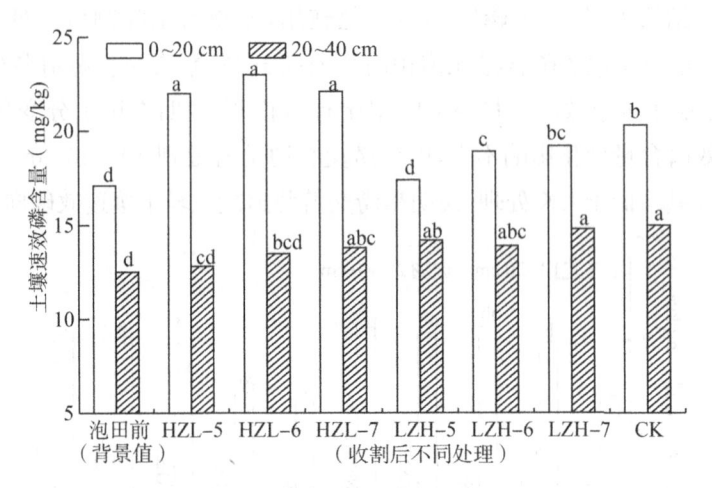

注：同图例不同字母代表差异性显著（$P<0.05$）。

图 6.9 连续两个生育期旱涝交替胁迫各处理水稻种植前后各土层土壤速效磷含量变化（2017 年）

表示）和对照（以 CK 表示），观测各生育期 5 cm、20 cm 土层温度以及气温（TP）日内变化，分析涝胁迫、旱胁迫根层土壤温度的日内变化规律。

6.4.1 各生育期旱涝胁迫时 5 cm 土层土壤温度日内变化

水稻各生育期旱涝胁迫时 5 cm 土层土壤温度日内变化见图 6.10。各处理的表层土壤温度均低于气温。分蘖期 H、CK 处理在 6:00 时土壤温度最低，迟于气温约 1 小时，L 处理在 8:00 时土壤温度最低，比气温迟约 3 小时，最低土温顺序为 L>CK>H。随着气温的升高，H 处理和 CK 处理土层温度在 14:00 同步达到峰值，与气温基本同步，而 L 处理土层温度上升缓慢，直到 18:00 左右才达到峰值，最高土温顺序为 H>CK>L。H 处理最高土温为 28.48℃，分别比 CK、L 处理升高 0.56℃、3.57℃。表层土壤日平均温度 L 处理为 23.07℃、CK 处理为 22.9℃、H 处理为 22.86℃，日平均温度顺序为 L>CK>H。表层土温日变幅 H 处理为 8.31℃、L 处理为 3.60℃、CK 处理为 7.71℃，日变幅的顺序为 H>CK>L。

拔节孕穗期 H 处理在 5:00 时表层土温最低，与气温基本同步，比 CK、L 处理分别提前约 1 个时和 3 个时，最低土温顺序为 L>CK>H。随着气温升高，H 处理和 CK 处理土层温度在 14:00 同步达到峰值，早于气温约 1 小时，而 L 处理表层温度上升缓慢，直到 18:00 左右才达到峰值，最高土温顺序为

H>CK>L。H 处理最高土温为 27.29℃,分别比 CK、L 处理升高 1.66℃、3.34℃。表层土壤日平均温度 L 处理为 23.06℃、CK 处理为 21.36℃、H 为 21.43℃,日平均温度顺序为 L>H>CK。表层土温日变幅 H 处理为 9.15℃、L 处理为 1.90℃、CK 处理为 7.14℃,日变幅的顺序为 H>CK>L。

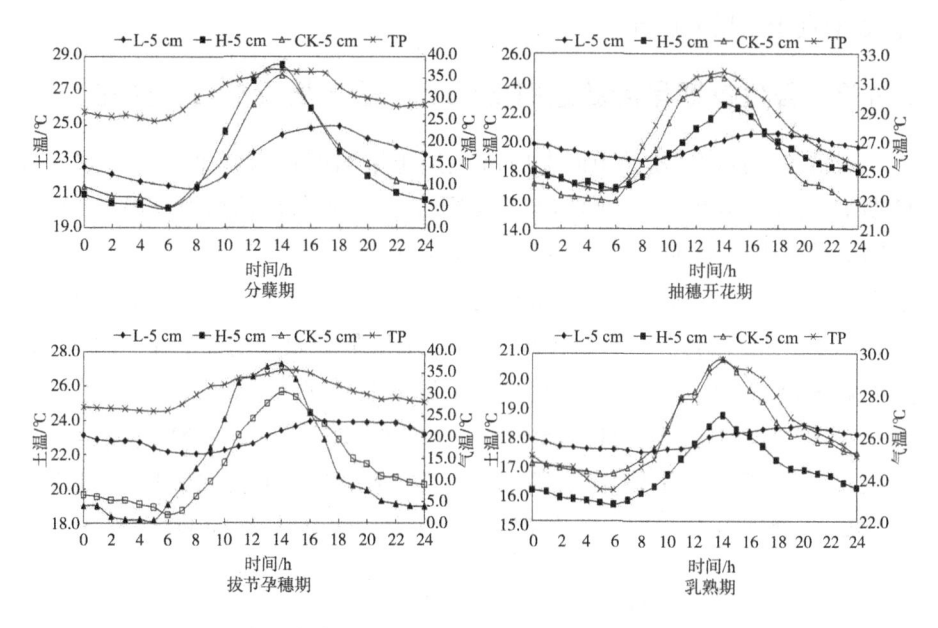

图 6.10　各生育期旱涝胁迫时稻田 5 cm 土层土壤温度日内变化

抽穗开花期 H 处理在 6:00 时土温最低,与气温和 CK 处理基本同步,比 L 处理提前约 2 小时,最低土温顺序为 L>CK>H。随着气温升高,H 处理和 CK 处理土层温度在 14:00 同步达到峰值,与气温基本同步,而 L 处理表层温度上升缓慢,直到 18:00 左右才达到峰值,最高土温顺序为 H>CK>L。表层土温日变幅 H 处理为 8.48℃、L 处理为 1.87℃、CK 处理为 6.18℃,日变幅的顺序为 H>CK>L。

乳熟期 H 处理夜间温度有些异常(与布置在试验区的最边缘有关),但土温最低值仍与气温和 CK 处理同步,出现在 6:00,比 L 处理提前 2 小时。随着气温升高,H 处理和 CK 处理土层温度在 14:00 同步达到峰值,与气温基本同步,而 L 处理表层温度上升缓慢,直到 20:00 左右才达到峰值,最高土温顺序为 H>CK>L。表层土温日变幅 H 处理为 4.25℃、L 处理为 1.05℃、CK 处理为 3.26℃,日变幅的顺序为 H>CK>L。

以上结果表明,涝胁迫时田间水量多,热容量大,升温、降温慢,表层土壤最低温度、最高温度均滞后于气温；由于保温性好，会提高表层土壤的日平均温度，有利于积温，但昼夜温差小，不利于水稻干物质积累；旱胁迫或浅水层时，土壤热容量小，升温、降温快，表层土壤最低温度、最高温度基本与气温同步；由于保温性下降，会降低表层土壤的日平均温度，不利于积温，但昼夜温差大，有利于水稻干物质积累。

6.4.2 各生育期旱涝胁迫时 20 cm 土层土壤温度日内变化

水稻各生育期旱涝胁迫时 20 cm 土层土壤温度日内变化见图 6.11。分蘖期 H 处理土温在 8:00 最低，与 CK 同步，比最低气温滞后 3 小时，比 L 处理则提早 2 小时，最低土温顺序为 L＞CK＞H。随着气温的升高，H 处理土层温度在 16:00 达到峰值，CK 和 L 处理土层温度在 18:00 达到峰值，而气温则在 13:00 左右达到峰值，H、CK、L 处理土层最高温度均滞后于气温，最高土温顺序为 H＞L＞CK。H 处理最高土温为 23.89℃，分别比 CK、L 处理升高 0.61℃、0.38℃。土层日平均温度 L 处理为 22.78℃、CK 处理为 22.27℃、H 处理为 21.72℃，日平均温度顺序为 L＞CK＞H。土温日变幅 H 处理为 3.12℃、L 处理为 1.49℃、CK 处理为 2.0℃，日变幅的顺序为 H＞CK＞L。

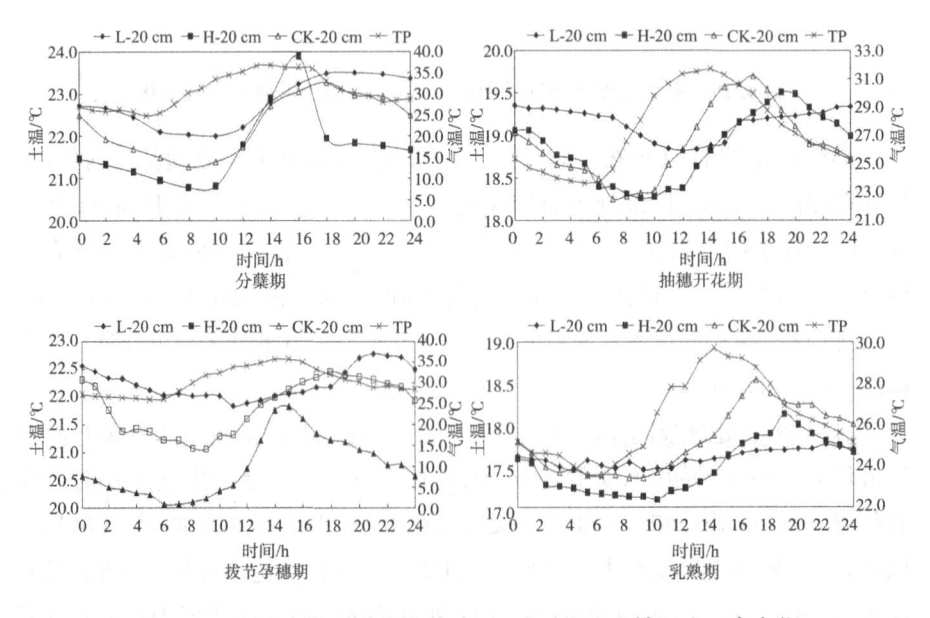

图 6.11 各生育期旱涝胁迫时稻田 20 cm 土层土壤温度日内变化

拔节孕穗期 H 处理土温在 7:00 最低，比最低气温滞后 1 小时，分别比

CK、L处理提前2小时和4小时,土层最低温度顺序为L>CK>H,H、CK、L处理土层最低温度分别为20.06℃、21.05℃、21.83℃。随着气温的升高,H处理土层温度在15:00左右达到峰值,迟于气温1小时,分别比CK、L处理提前3小时和6小时,最高温度顺序为L>CK>H,H、CK、L处理土层最高温度分别为21.81℃、22.45℃、22.78℃,这与前期连续气温高,淹水和CK处理20 cm土层积温高有关。土层日平均温度H、CK、L处理分别为20.73℃、21.82℃、22.24℃,顺序为L>CK>H。H、CK、L处理土温日变幅分别为1.75℃、1.4℃、0.95℃,顺序为H>CK>L。

抽穗开花期H处理土温在7:00最低,比最低气温滞后2小时,分别比CK、L处理提前2小时和5小时,土层最低温度顺序为L>CK>H。H、CK、L处理土层最高温度分别出现在17:00、19:00和24:00,最高温度的顺序为H>CK>L。L处理土层平均温度为19.15℃,均高于H处理和CK处理。土温日变幅H、CK、L分别为1.46℃、1.25℃、0.53℃,顺序为H>CK>L。

乳熟期H处理由于边界影响温度有些异常,但最低温度出现时间滞后最低气温约2小时,比CK、L处理分别提前2小时和3小时。土温日变幅H、CK、L处理分别为1.18℃、1.05℃、0.45℃,顺序为H>CK>L。

通过对5 cm、20 cm土层温度变化的分析表明,土壤具有保温性使得H、CK、L处理20 cm土层最低温度均大于5 cm土层最低温度;土壤温度的升高主要来自太阳辐射引起的气温升高,表层土壤温度上升较快,深层土壤需要通过表层土壤的热传递才能升温,因此5 cm土层最高温度、土温日变幅大于20 cm土层,且后者最高温度出现的时间要明显滞后于前者。

本章参考文献

[1] 潘艳华,王攀磊,郭玉蓉,等. 水旱轮作模式下作物配置和肥水优化对作物产量及土壤养分的影响[J]. 西南农业学报,2018,31(02):276-283.

[2] Bhadha J H, Khatiwada R, Tootoonchi M, et al. Interpreting redox potential (Eh) and diffusive fluxes of phosphorus (P) and nitrate (NO_3^-) from commercial rice grown on histosols[J]. Paddy and Water Environment,2020,18(1):167-177.

[3] Johnson-Beebout S E, Angeles O R, Alberto M C R, et al. Simultaneous minimization of nitrous oxide and methane emission from rice paddy

soils is improbable due to redox potential changes with depth in a greenhouse experiment without plants[J]. Geoderma, 2009, 149(1): 45-53.

[4] 黄杰. 水旱轮作体系下水—旱转换过程中土壤养分变化规律研究[D]. 成都:四川农业大学, 2015.

[5] 夏建国, 仲雨猛, 曹晓霞. 干湿交替条件下土壤磷释放及其与土壤性质的关系[J]. 水土保持学报, 2011, 25(04): 237-242.

[6] Song X, Zhang J, Peng C, et al. Replacing nitrogen fertilizer with nitrogen-fixing cyanobacteria reduced nitrogen leaching in red soil paddy fields[J]. Agriculture, Ecosystems & Environment, 2021, 312: 107320.

[7] Moreno-García B, Coronel E, Reavis C W, et al. Environmental sustainability assessment of rice management practices using decision support tools[J]. Journal of Cleaner Production, 2021, 315: 128135.

[8] Lu J, Hu T, Zhang B, et al. Nitrogen fertilizer management effects on soil nitrate leaching, grain yield and economic benefit of summer maize in Northwest China[J]. Agricultural Water Management, 2021, 247: 106739.

[9] Liu Y, Li J, Jiao X, et al. Effects of biochar on water quality and rice productivity under straw returning condition in a rice-wheat rotation region[J]. Science of The Total Environment, 2021: 152063.

[10] LaHue G T, Linquist B A. The contribution of percolation to water balances in water-seeded rice systems[J]. Agricultural Water Management, 2021, 243: 106445.

[11] 钟楚, 曹小闯, 朱练峰, 等. 稻田干湿交替对水稻氮素利用率的影响与调控研究进展[J]. 农业工程学报, 2016, 32(19): 139-147.

[12] 赵峥. 基于DNDC模型的稻田氮素流失及温室气体排放研究[D]. 上海:上海交通大学, 2016.

[13] 徐国伟, 吕强, 陆大克, 等. 干湿交替灌溉耦合施氮对水稻根系性状及籽粒库活性的影响[J]. 作物学报, 2016, 42(10): 1495-1505.

[14] 涂成, 黄威, 陈安磊, 等. 测定土壤硝态氮的紫外分光光度法和镉柱还原法比较[J]. 土壤, 2016, 48(01): 147-151.

[15] Kim G W, Kim P J, Khan M I, et al. Effect of Rice Planting on Nitrous Oxide (N_2O) Emission under Different Levels of Nitrogen Fertilization[J]. Agronomy, 2021, 11(2): 217.

[16] Feng Z Y, Qin T, Du X Z, et al. Effects of irrigation regime and rice variety on greenhouse gas emissions and grain yields from paddy fields in central China[J]. Agricultural Water Management, 2021, 250: 106830.

[17] Feng Y, He H, Li D, et al. Biowaste hydrothermal carbonization aqueous product application in rice paddy: Focus on rice growth and ammonia volatilization[J]. Chemosphere, 2021, 277: 130233.

[18] Amin M G M, Akter A, Jahangir M M R, et al. Leaching and runoff potential of nutrient and water losses in rice field as affected by alternate wetting and drying irrigation[J]. Journal of Environmental Management, 2021, 297: 113402.

[19] 朱成立, 郭相平, 刘敏昊, 等. 水稻沟田协同控制灌排模式的节水减污效应[J]. 农业工程学报, 2016, 32(03): 86-91.

[20] 周静雯, 苏保林, 黄宁波, 等. 水稻田非点源污染原位试验研究[J]. 环境科学学报, 2016, 36(04): 1145-1152.

[21] 徐保利, 代俊峰, 俞陈文昊, 等. 漓江流域氮磷排放对水肥管理和下垫面属性变化的响应[J]. 农业工程学报, 2020, 36(02): 245-254.

[22] 闫大伟, 梁新强, 王飞儿, 等. 稻田田面水与排水径流中胶体磷流失贡献及流失规律[J]. 水土保持学报, 2019, 33(06): 47-53.

[23] 俞双恩, 李偲, 高世凯, 等. 水稻控制灌排模式的节水高产减排控污效果[J]. 农业工程学报, 2018, 34(07): 128-136.

[24] Halverson L, Jones T, Firestone M. Release of intracellular solutes by four soil bacteria exposed to dilution stress[J]. Soil Science Society of America Journal, 2000, 64(5): 1630-1637.

[25] Styles D, Donohue I, Coxon C, et al. Linking soil phosphorus to water quality in the Mask catchment of western Ireland through the analysis of moist soil samples[J]. Agriculture Ecosystems & Environment, 2006, 112(4): 300-312.

[26] Xu P, Zhou W, Jiang M, et al. Nitrogen fertilizer application in the rice-growing season can stimulate methane emissions during the subsequent flooded fallow period[J]. Science of The Total Environment, 2020, 744: 140632.

[27] Wu Y, Huang W, Zhou F, et al. Raindrop-induced ejection at

soil-water interface contributes substantially to nutrient runoff losses from rice paddies[J]. Agriculture Ecosystems & Environment, 2020, 304: 107135.

[28] Shekhar S. Hydrus-1D model for simulating water flow through paddy soils under alternate wetting and drying irrigation practice[J]. Paddy and Water Environment, 2020, 18(1): 73-85.

第七章

控制灌排条件下水稻水位—产量模型

7.1 农田水位与作物产量的关系

7.1.1 农田水位的定义

在现代水稻栽培中,稻田总处于有水层和无水层的交替状态,实践证明,这种水管理模式更适宜水稻高产稳产。农田水位是指降雨或灌溉后稻田保持的水层深和无水层时稻田地下水位的埋深。如果将竖轴的原点放在田间土壤表面,有水层时农田水位为正值,无水层时农田水位为负值(当地下水位与地表齐平时,农田水位为0),见图7.1。在制定水稻控制灌排制度时,先明确水稻各生育期适宜农田水位上下限和允许耐淹水深(雨后允许蓄水深度),当地下水埋深低于适宜农田水位下限时,需及时灌溉,灌水至适宜农田水位上限,降雨时当农田水位超过允许耐淹水深时,应排除多余的蓄水。

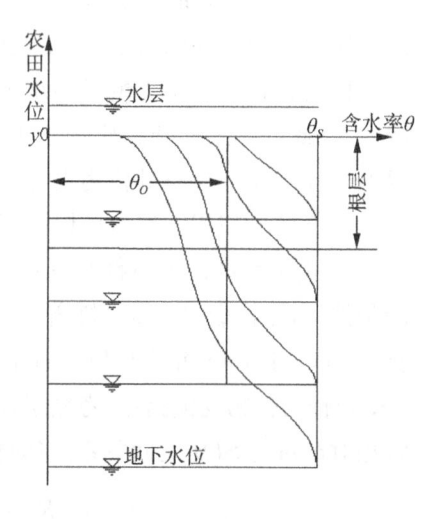

图 7.1 稻田农田水位示意图

7.1.2 农田水位与作物产量关系的研究进展

在研究农田排水的问题时,人们清楚地认识到农田水位与作物生长及产量关系非常密切。在除涝研究中，江苏省里下河地区综合试验和调查资料，建立了淹水深度和淹水历时与水稻减产的关系；在降渍研究中，苏州地区建立了地下水埋深与小麦产量的关系。

在诸多的农田排水研究中，以地下水位与作物产量关系的研究较为深入。农田的地下水位并不是经常保持于某一固定值，而往往会在各种因素的综合影响下波动变化。荷兰学者 Seiben. W. H. 以地下水埋深 30 cm 作为分界点，统计了小麦和大麦相对产量与当年 10 月至次年 3 月间日地下水位埋深小于 30 cm 的累积值的关系，并提出了地下水动态过程的累积超标准水位（SEW_x）的概念，以其作为农田排水调控指标。SEW_x（cm·d）可用下式表示：

$$SEW_x = \sum_{j=1}^{n}(x - D_j) \tag{7-1}$$

式中：D_j—第 j 天地下水埋深，cm；x—作物能够正常生长的地下水适宜标准埋深，cm；n—第 j 阶段生长总天数。

根据 Seiben 在荷兰的试验结果，SEW_{30} 在 200 cm·d 以内时，作物不会减产。Skaggs 把 SEW_{30} 应用于 Drainmod 排水模型中，并以玉米生长期内 SEW_{30} 小于 100 cm·d 作为设计标准加以应用。

由于采用 SEW_x 作为指标计算时，并没有考虑地下水的变化过程，只要 SEW_x 相同，作物的产量都是一样的，而 N. Ahmad 研究表明，在相同 SEW_x 的条件下，作物最终产量会随着地下水埋深变化过程的不同表现出极大的变化。Hiler 于 1969 年提出以超过某一高度的持续时间的累积值，即抑制天数（SDI）作为作物受渍指标，考察了作物生育阶段受渍的敏感程度，并且建立反映相对产量与 SDI 之间关系的作物水分生产函数，其具体形式如下式：

$$R_y = 1 - \alpha SDI \tag{7-2}$$

式中：R_y—相对产量，为作物受渍条件下的产量与作物正常产量的比值；α—经验系数；SDI—抑制天数指标，

$$SDI = \sum_{i=1}^{n}(CS_i \cdot SD_i) \tag{7-3}$$

其中：CS_i—第 i 阶段作物受渍敏感因子，

$$CS_i = \frac{y_m - y_i}{y_m} \tag{7-4}$$

式中：y_m—作物不受渍害的产量，kg；y_i—第 i 阶段作物受渍条件下的产量，kg；SD_i—作物第 i 阶段受渍天数因子。

由于影响作物产量的因素不只有受渍一种情况，为了消除其他因素的影响和便于在不同试验条件下得出的敏感因子之间的比较，采用 Evans 等提出的敏感因子 NCS_i 替代 CS_i，其计算式为：

$$NCS_i = CS_i / \sum_{i=1}^{n} CS_i \tag{7-5}$$

由以上公式可知，抑制天数指标 SDI 不仅跟受渍敏感因子有关，跟受渍天数因子也有关系，即作物在不同的生育阶段的抑制天数是不一样的。

张蔚榛等人根据小麦受渍水平的试验结果，提出了减产速率因子的概念，以减产速率因子（YR）来计算累积减产指标，并对该模型进行了改进，提出了相对产量（R_y）与累积减产指标（CRI）之间的关系模式，其表达形式如下：

$$R_y = 1 - \alpha CRI \tag{7-6}$$

式中：CRI—累积减产指标，由式 $CRI = \sum_{j=1}^{n} YR_i \sum_{i=1}^{N} (x - D_{ij})$ 计算，

其中，D_{ij}—作物第 j 个生长阶段第 i 天的地下水埋深，cm；x—计算抑制天数因子 SEW_x 的地下水埋深，cm；N—第 j 阶段的总天数，d；n—作物生育阶段数；α—R_y 与 CRI 关系直线的斜率，可由试验求得。

在改进了的模型中，由于减产速率因子是在同一阶段单独受渍条件下由不同受渍程度的产量确定的，并没有考虑前一个阶段受渍对本阶段敏感性的影响，而事实上前一个阶段受渍对后阶段作物的生理生态指标都会产生影响，所以还有待进一步研究其机理。

作物生长过程中，有涝灾时一定有渍害，作物受涝减产，则是涝、渍共同作用的结果。Rojas 和 Willardson 提出以作物受淹历时加表层土壤通气率达到 10% 的时间作为总排水时间，并建立该指标和作物减产的关系，但在实际运用中，如何测算土壤通气率达到 10% 的时间有一定的困难，所以以这一指标作为涝渍兼治的控制指标并不合适。

沈荣开、王修贵等在 1997—1999 年展开了旱作物涝渍条件下的试验研究，将涝和渍看成一个连续过程，以作物受淹状况作为除涝控制指标，以地下水动态作为排渍控制指标，将两者结合起来，针对以超标准地下水位累积值

(SWE_x)作为作物受渍程度的不足,提出了累积综合涝渍水深($SFEW$)概念,并分别建立了反映相对产量(R_y)和淹没历时(T)、地下水埋深(d)关系的函数。

累积综合涝渍水深($SFEW$)这一指标是将某一设计降雨计算期内地面水深和地下水埋深一起进行统计,即 $SFEW=SFW+SEW_x$,根据其试验结果和回归分析,相对产量和累积综合涝渍水深具有以下关系式:

$$R_y = a + bSFEW \tag{7-7}$$

式中,a、b 均由试验确定。

根据 Hiler 模型,并以地下水超标准累积水深为控制指标,提出了改进的受渍条件下 Jensen 模型、Blank 模型、Stewart 模型和 Singh 模型,李慧伶运用这些模型分析了棉花涝渍综合敏感因子,并提出了棉花相对产量与各阶段涝渍排水指标关系模型和棉花相对产量与涝渍综合排水指标关系模型。汤广民提出了涝渍连续抑制天数和涝害权重系数的概念,并建立了作物相对产量与涝渍连续抑制天数的关系模型。朱建强等以棉花涝渍相随试验为基础,提出了以时间为尺度的作物排水控制模型,并给出了排涝、排渍控制指标的确定方法。程伦国等通过测坑试验发现棉花受多过程涝渍胁迫后其相对产量与涝渍因子(SFW、SEW_{30}、SEW_{50})之间存在显著的线性关系,而朱建强等则发现多个涝渍过程对棉花相对产量与受涝累积时间和地下水位埋深小于某一特定值的作用时间有着显著二元一次相关关系。

以往的农田水位与作物产量关系的研究都是基于排水条件下开展的,而且普遍针对旱作物进行,针对水稻的研究很少。加拿大工程师 Ragwen 根据在印度尼西亚 Aceh 某灌区进行的试验认为水稻产量明显地受到自插秧至孕穗初期的平均水深的影响,虽然稻田水层深度不是决定产量的唯一因素,但产量是随水层的增加而减小的,并提出了平均水深 H_{avg} 与水稻产量 Y 之间的关系式:

$$Y = 8.5(H_{avg})^{-0.2} - 1.0 \quad (r^2 = 0.57) \tag{7-8}$$

该模型中,采用插秧至孕穗初期的平均水深 H_{avg} 来表示田间水层深度对水稻产量的影响,对指导水稻灌溉排水具有参考价值。但该关系式的缺点在于没有进一步描述在抽穗开花期和乳熟期的稻田水位对水稻产量的影响,而且根据我国研究的成果,在分蘖期和拔节孕穗期之间有晒田期,公式中对晒田期间的水位做如何处理没有提及,因此该研究成果还需要进一步完善。

水稻生长过程中，无论是受涝渍还是受旱，农田水位都对其产生重要影响，因此针对水稻开展农田水位与水稻生长和产量关系的研究显得尤为重要。

作物产量与农田水位关系的微观揭示和宏观量化分析，是农田灌溉排水的理论基础，研究农田水位与水稻籽粒产量的定量关系，建立水稻水位—产量模型，无论是对灌区灌排规划和灌排系统的评估，还是进行控制排水或节水灌溉，都具有重要的指导意义。

7.2 水稻水位—产量模型的形式

7.2.1 全生育期水位—产量模型

水稻生长过程中，如果农田水位始终保持在水稻适宜生长的水位内，理论上讲水稻产量应该达到最高。然而在实际生产过程中，由于雨水过多或者供水不足，水稻可能存在涝、渍、旱的影响而导致减产。若把涝、渍、旱看作一个连续的过程，以农田水位作控制指标，建立其与水稻产量的关系，可以有以下两种形式：

① 以农田水位（H）大于水稻适宜水位上限水深（H_{max}）及历时（t）作为衡量水稻受涝渍程度的控制指标，以农田水位（H）小于水稻适宜水位下限（H_{min}）及历时（T）作为作物受旱程度的控制指标，建立作物相对产量（R_y）与农田水位关系模型：

$$R_y = \frac{Y}{Y_m} = f(H, t, T) \tag{7-9}$$

② 以农田水位（H）超过水稻适宜水位上限（H_{max}）的累积值（$SFW_{H_{max}}$）作为衡量涝渍灾害程度的指标，以农田水位（H）小于水稻适宜水位下限（H_{min}）的累积值（$SEW_{H_{min}}$）作为衡量受旱程度的指标。以该两项指标为自变量，建立作物相对产量（R_y）与涝、渍、旱的灾害程度关系模型：

$$R_y = \frac{Y}{Y_m} = f(SFW_{H_{max}}, SEW_{H_{min}}) \tag{7-10}$$

式中：$SFW_{H_{max}} = \sum_{i=1}^{n}(H_i - H_{max})$，其中，$H_i$ 为第 i 日的农田水位，H_{max} 为水

稻适宜水位上限；$SEW_{H_{\min}} = \sum_{i=1}^{m}(H_i - H_{\min})$，其中，$H_{\min}$ 为水稻适宜水位下限。

在实际应用时，形式①在考虑 H、t、T 三个变量构建模型时比较复杂，而形式②实际上是将受淹历时 t 和受旱历时 T 离散到 $SFW_{H_{\max}}$ 和 $SEW_{H_{\min}}$ 指标中，所以在应用时更为方便。

7.2.2 生育阶段水位—产量模型

水稻在不同的生育期受淹或受旱对最终产量的影响是不同的，用全生育期水位—产量模型不能准确反映每个生育期对水位的敏感程度，因此，建立水稻生育阶段水位—产量模型非常必要。

研究与生产实践均证明，水稻在某一生育阶段受淹或受旱，不仅影响该阶段的生长发育，而且对以后的生育阶段的生长都有不同程度的影响。连乘形式的函数能反映出这种滞后效应，因此以第 i 生育阶段农田水位大于该生育阶段适宜水位上限（$H_{\max}$）的累积淹水深度（$SFW_{H_{\max}}$）作为衡量该阶段涝渍灾害程度的指标，以第 i 生育期农田水位小于该生育阶段适宜水位下限（$H_{\min}$）的累积值（$SEW_{H_{\min}}$），作为衡量该阶段受旱程度的指标。以这两项指标为自变量，建立作物相对产量（R_y）与涝、渍、旱的灾害程度关系的阶段水位-产量响应模型：

$$R_y = \frac{Y}{Y_m} = \prod_{i=1}^{n} f_i(SFW_{H_{\max}}, \quad SEW_{H_{\min}}) \tag{7-11}$$

式中，n 为水稻受旱涝的生育阶段数。

7.3 水稻水位—产量模型的构建

7.3.1 建模方法

建立水稻水位—产量模型，应根据试验资料分析产量与农田水位等主要因子可能存在的函数关系，拟定相应的数学表达式，利用试验资料进行回归分析，确定表达式中相关参数。

回归分析是建立经验模型的常用方法之一，根据回归分析中所考虑因素的多少，可将回归分析分为一元回归分析和多元回归分析，按照回归模型是否是线性的,又分为线性回归分析和非线性回归分析。

(1) 多元线性回归分析

设所研究的对象 y 受多因素 $x_1, x_2, \cdots, x_m$ 的影响,假定各个影响因素与 y 的关系是线性的,则可建立多元线性回归模型:

$$y = \beta_0 + \beta_1 x_1 + \cdots + \beta_m x_m + \varepsilon \tag{7-12}$$

式中,y 为预测目标,称为因变量;$x_1, x_2, \cdots, x_m$ 代表影响因素,通常是可以控制或者预先给定的,故称为自变量;ε 代表各种随机因素对 y 的影响总和,称为随机误差项,根据中心极限定理,可以认为它服从正态分布,即 $\varepsilon \sim N(0, \sigma^2)$。

根据 n 组试验或观测值:

$$\begin{aligned} y: & \quad (y_1, y_2, \cdots y_n) \\ x_1: & \quad (x_{11}, x_{12} \cdots x_{1n}) \\ x_2: & \quad (x_{21}, x_{22}, \cdots x_{2n}) \\ & \quad \vdots \\ x_m: & \quad (x_{m1}, x_{m2}, \cdots x_{mn}) \end{aligned}$$

则有:

$$y_i = \beta_0 + \beta_1 x_{i1} + \cdots + \beta_m x_{im} + \varepsilon_i, \quad i = 1, 2, \cdots, n$$

为方便起见,常用矩阵表达式:

$$\begin{cases} Y = X\beta + \varepsilon, \\ \varepsilon \sim N_n(0, \sigma^2 I_n) \end{cases} \tag{7-13}$$

其中,

$$Y = \begin{bmatrix} y_1 \\ y_2 \\ \vdots \\ y_n \end{bmatrix}, \boldsymbol{\beta} = \begin{bmatrix} \beta_0 \\ \beta_1 \\ \vdots \\ \beta_m \end{bmatrix}, X = \begin{bmatrix} 1 & x_{11} & \cdots & x_{1m} \\ 1 & x_{21} & \cdots & x_{2m} \\ \vdots & \vdots & \vdots & \vdots \\ 1 & x_{n1} & \cdots & x_{nm} \end{bmatrix}, \boldsymbol{\varepsilon} = \begin{bmatrix} \varepsilon_1 \\ \varepsilon_2 \\ \vdots \\ \varepsilon_n \end{bmatrix}$$

一般情况下,X 的各个分量之间不存在完全相关关系,即 $(X'X)^{-1}$ 存在。

此时,模型参数 **β** 的最小二乘估计为:

$$\hat{\boldsymbol{\beta}} = (\boldsymbol{X}'\boldsymbol{X})^{-1}\boldsymbol{X}'\boldsymbol{Y} \tag{7-14}$$

故回归分析模型为

$$\hat{y} = \hat{\beta}_0 + \hat{\beta}_1 x_1 + \cdots + \hat{\beta}_m x_m + \varepsilon \tag{7-15}$$

(2) 多元线性回归模型的检验

求出的回归模型是否合理,引入的影响因素是否有效,变量之间是否存在线性相关关系,这就要对回归方程进行检验和对模型参数估计值的可靠性进行检验,主要包括复相关系数检验,方程显著性检验和变量显著性检验,即 R^2 检验、F 检验和 t 检验。

复相关系数检验(R^2 检验):采用式(7-16)计算出 R^2,R^2 值越接近 1,证明模型拟合效果越好。

方程显著性检验(F 检验):采用式(7-17)计算出 F,并在显著性水平 $\alpha=0.05$ 的情况下进行检验,当 $F>F_{0.05}(m, \mathrm{d}f)$,即显著性概率 P 值$<\alpha=0.05$ 时,表明拟合方程有效,说明回归方程在 α 下显著,反之,则说明两者线性关系不密切。m 为自变量的个数,$\mathrm{d}f$ 为统计量的自由度,当回归方程包含常数项求解时,$\mathrm{d}f$ 取 $n-m-1$;当回归方程约定常数项时,$\mathrm{d}f$ 取 $n-m$。

变量显著性检验(t 检验法):采用式(7-18)计算检验值 t,并在显著性水平 $\alpha=0.05$ 的情况下进行回归系数的检验,当 $|t|>t_{0.05/2}(\mathrm{d}f)$,即显著性概率 P 值$<\alpha=0.05$ 时,表明自变量对因变量的影响显著。

$$R^2 = \frac{S_R}{S_T} = 1 - \frac{S_e}{S_T} \tag{7-16}$$

$$F = \frac{S_R/m}{S_e/(n-m-1)} \tag{7-17}$$

$$t_i = \frac{\hat{\beta}_i}{\sqrt{c_{ii}}\sqrt{\dfrac{S_e}{n-m-1}}} \tag{7-18}$$

其中:$S_R = \sum (\hat{y}_i - \bar{y})^2$,为回归平方和;$S_e = \sum (y_i - \hat{y}_i)^2$,为剩余

平方和；$S_T = S_R + S_e$，为总离差平方和，m 为自由度，n 为样本个数；y_i^* 为第 i 处的计算值，y_i 为第 i 处的实际值，$\bar{y}$ 为平均值；$c_{ii} = \dfrac{1}{\sum x_{ii}^2 - n\bar{x}_i^2}$。

7.3.2 全生育期水位—产量模型的构建

（1）以农田水位 H 及受淹历时 t、受旱历时 T 为自变量的水稻全生育期水位—产量模型

拟定的表达式为：

$$R_y = \frac{Y}{Y_m} = \beta_0 - \beta_1 t \ln(H - H_{\max}) - \beta_2 T \ln[-(H - H_{\min})] \quad (7\text{-}19)$$

式中：R_y—水稻相对产量；Y_m—适宜水位条件下水稻最高产量，kg/hm^2；Y—水稻的实际产量，kg/hm^2；H—农田水位，cm；$H_{\max}$—水稻适宜水位上限，cm；t—农田水位大于水稻适宜水位上限的历时，d；$H_{\min}$—水稻适宜水位下限，cm；T—农田水位小于水稻适宜水位下限的历时，d；β_0—经验系数；β_1—水稻涝渍敏感系数；β_2—水稻受旱敏感系数。

对式（7-19）做如下假设：若 $H_{\min} \leqslant H \leqslant H_{\max}$，则认为农田水位在水稻适宜生长范围内，不发生涝渍旱灾害，此时 $t\ln(H - H_{\max}) \equiv 0$、$T\ln[-(H - H_{\min})] \equiv 0$。

选择 $H_{\max} = 3$ cm 和 $H_{\min} = -20$ cm，对 2015—2017 年中 36 个旱涝交替处理的产量、农田水位、受淹历时和受旱历时代入式（7-19）对回归模型的参数进行求解。

① 若 $\beta_0 = 1$

经过回归分析，得出相应水稻全生育期水位—产量模型为：

$$R_y = 1 - 0.006\,6\,t\ln(H - 3) - 0.004\,773\,T\ln[-(H + 20)] \quad (7\text{-}20)$$

方程复相关检验：$R^2 = 0.866$，模型拟合效果较好。

显著性检验表明，$F = 109.998 > F_{0.05}(2, 34) = 3.276$，$P = 2.54 \times 10^{-15} < 0.05$，可以认为上述回归方程是显著的。

回归系数检验：$|t_1| = 4.297 > t_{0.05/2}(34) = 2.032$，$|t_2| = 2.493 > t_{0.05/2}(34) = 2.032$，$P_{t1} = 0.001 < 0.05$，$P_{t2} = 0.022 < 0.05$，可以认为涝渍敏感系数 β_1 和受旱敏感系数 β_2 对相对产量的影响显著。

② 若 β_0 由回归公式求取

经过回归分析,得出相应水稻全生育期水位－产量模型为:

$$R_y = 0.990\,04 - 0.006\,076 t\ln(H-3) - 0.004\,651 T\ln[-(H+20)] \tag{7-21}$$

复相关检验: $R^2 = 0.481$,回归方程模拟精度较低。

显著性检验: $F=3.098 < F_{0.05}(2,33) = 3.285$, $P=0.058 > 0.05$,可以认为上述回归方程是不显著的。

回归系数检验: $|t_0| = 13.567 > t_{0.05/2}(33) = 2.035$, $|t_1| = 1.467 < t_{0.05/2}(33) = 2.035$, $|t_2| = 2.102 > t_{0.05/2}(33) = 2.035$,虽然可以认为常数项 β_0 和受旱敏感系数 β_2 对相对产量的影响显著,但是当通过回归公式求取常数项 β_0 时,回归方程的 F 检验和 R^2 均不满足要求。

根据以上分析,建议使用 $\beta_0 = 1$ 所得回归方程作为该种形式的水稻水位—产量模型。

(2) 以 $SFW_{H_{\max}}$ 和 $SEW_{H_{\min}}$ 为自变量的水稻全生育期水位—产量模型

拟定的表达式为:

$$R_y = \frac{Y}{Y_m} = \lambda_0 - \lambda_1 SFW_{H_{\max}} - \lambda_2 SEW_{H_{\min}} \tag{7-22}$$

式中: R_y —水稻相对产量; Y_m —适宜水位条件下水稻最高产量, kg/hm²; Y —水稻的实际产量, kg/hm²; $SFW_{H_{\max}}$ —水稻全生育期内农田水位超过适宜水位上限 $H_{\max}$ 的累积值, cm·d; $SEW_{H_{\min}}$ —水稻全生育期内农田水位低于适宜水位下限 $H_{\min}$ 的累积值, cm·d; λ_0 —经验系数; λ_1 —水稻涝渍敏感系数; λ_2 —水稻受旱敏感系数。

选择 $H_{\max} = 3$ cm 和 $H_{\min} = -20$ cm,对 2015—2017 年中 36 个旱涝交替处理对回归模型的参数进行求解。

① 若 $\lambda_0 = 1$

经过回归分析,得出相应水稻全生育期水位-产量模型为:

$$R_y = 1 - 0.000\,519 SFW_3 - 0.00\,151 SEW_{-20} \tag{7-23}$$

复相关检验: $R^2 = 0.871$。

显著性检验: $F=114.889\,7 > F_{0.05}(2,34) = 3.276$, $P=1.36 \times 10^{-15} <$

0.05，可以认为上述回归方程是显著的。

回归系数检验：$|t_1| = 2.041 > t_{0.05/2}(34) = 2.032$，$|t_2| = 2.066 > t_{0.05/2}(34) = 2.032$，其中 $P_{t1}=0.049\ 1<0.05$，$P_{t2}=0.046\ 6<0.05$，可以认为涝渍敏感系数 λ_1 和受旱敏感系数 λ_2 对相对产量的影响显著。

② 若 λ_0 由回归方程求得

经过回归分析，得出相应水稻全生育期水位生产函数为：

$$R_y = 0.947\ 50 - 0.000\ 094\ 5SFW_3 - 0.001\ 361SEW_{-20} \quad (7-24)$$

复相关检验：$R^2 = 0.585$。

显著性检验：$F = 23.953\ 4 > F_{0.05}(2,33) = 3.285$，$P=3.75\times 10^{-7}<0.05$，可以认为上述回归方程是显著的。

回归系数检验：$|t_1| = 1.556 < t_{0.05/2}(33) = 2.035$，$|t_2| = 9.757 > t_{0.05/2}(33) = 2.035$，可以认为涝渍敏感系数 λ_1 对相对产量的影响不显著，受旱敏感系数 λ_2 对相对产量的影响显著。

建议采用 $\lambda_0 = 1$ 所得的回归方程作为该种形式的水稻水位—产量模型。

(3) 两个模型的比较与分析

模型 1[式(7-19)]和模型 2[式(7-22)]均反映了农田水位与持续时间的耦合对水稻产量的影响，模型 1 将时间和水位作为两个单独的变量，而模型 2 是将时间和水位耦合成一个变量。两个模型均不能揭示同一不适宜水位及历时在不同生育阶段所产生的影响是不同的。

两个模型所求得的参数见表 7.1。无论是从显著性分析，还是从模型本身意义的解释，都是取 $\beta_0=1$、$\lambda_0=1$ 更合理。

表 7.1 全生育期水位生产函数模型的敏感系数表

农田水位控制指标		模型 1			模型 2		
H_{max}	H_{min}	β_0	β_1	β_2	λ_0	λ_1	λ_2
3 cm	−20 cm	1	0.006 600	0.004 773	1	0.000 519 0	0.001 510
		0.990 04	0.006 076	0.004 651	0.947 50	0.0 000 945	0.001 361

7.3.3 生育阶段水位—产量模型的构建

(1) 构造模型

以水稻相对产量 R_y 为因变量，各生育阶段 $SFW_{H_{max}}$ 和 $SEW_{H_{min}}$ 为自变

量,构造形如式(7-25)所示的方程:

$$R_y = \frac{Y}{Y_m} = \prod_{i=1}^{n}\left[(1+SFW_{H_{\text{max}i}})^{-\eta_i} \cdot (1+SEW_{H_{\text{min}i}})^{-\theta_i}\right] \quad (7-25)$$

式中:R_y—水稻相对产量;Y_m—适宜水位条件下水稻最高产量,kg/hm²;Y—水稻的实际产量,kg/hm²;$SFW_{H_{\text{max}i}}$—水稻第 i 生育阶段内农田水位超过适宜水位上限 H_{max} 的累积值,cm·d;$SEW_{H_{\text{min}i}}$—水稻第 i 生育阶段内农田水位低于适宜水位下限 H_{min} 的累积值,cm·d;η_i—第 i 阶段水稻涝渍敏感指数;θ_i—第 i 阶段水稻受旱敏感指数。

某生育阶段水稻生长在适宜水位条件下,$SFW_{H_{\text{max}i}}=0$、$SEW_{H_{\text{min}i}}=0$,此时 $(1+SFW_{H_{\text{max}i}})^{-\eta} \cdot (1+SEW_{H_{\text{min}i}})^{-\theta}=1$,表明水稻在该阶段不受旱涝渍害。

(2) 模型参数的确定

采用多元线性回归法求解式(7-25)的敏感指数,对式(7-25)线性化,即对该式两边取自然对数,得到式(7-26):

$$\ln R_y = -\sum_{i=1}^{n}\eta_i \ln(1+SFW_{H_{\text{max}i}}) - \sum_{j=1}^{n}\theta_i \ln(1+SEW_{H_{\text{min}i}}) \quad (7-26)$$

为了简化计算,水稻各生育阶段的适宜水位上限取值相同,采用 $H_{\text{max}}=3$ cm,下限值:分蘖期 $H_{\text{min}}=-20$ cm、拔节到乳熟期均为 $H_{\text{min}}=-30$ cm,对回归模型的参数进行求解。将 2015—2017 年中 36 个旱涝交替处理的产量和各阶段的 $SFW_{H_{\text{max}}}$ 和 $SEW_{H_{\text{min}}}$ 代入式(7-26),经过回归分析,得出相应参数为:

分蘖期:$\eta_1 = 0.037\,533$,$\theta_1 = 0.010\,929$;
拔节孕穗期:$\eta_2 = 0.003\,642$,$\theta_2 = 0.004\,085$;
抽穗开花期:$\eta_3 = 0.003\,721$,$\theta_3 = 0.005\,874$;
乳熟期:$\eta_4 = 0.011\,436$,$\theta_4 = 0.008\,536$。
复相关检验:$R^2 = 0.953$,模型模拟效果较好。
显著性检验:$F = 70.320\,3 > F_{0.05}(8,28) = 2.291$,$P = 4.52 \times 10^{-16} < 0.05$,可以认为上述回归方程是显著的。

回归系数检验:$|t_{\eta_1}| = 2.390 > t_{0.05/2}(28) = 2.048$,$P = 0.023\,8 < 0.05$,即分蘖期涝渍敏感系数 η_1 对相对产量影响显著,其余回归系数的 t 检验均小于临界值,未达到显著性水平。

水稻生育阶段水位—产量响应模型的拟合效果如图 7.2,模拟产量与理论产量的拟合效果还是理想的。

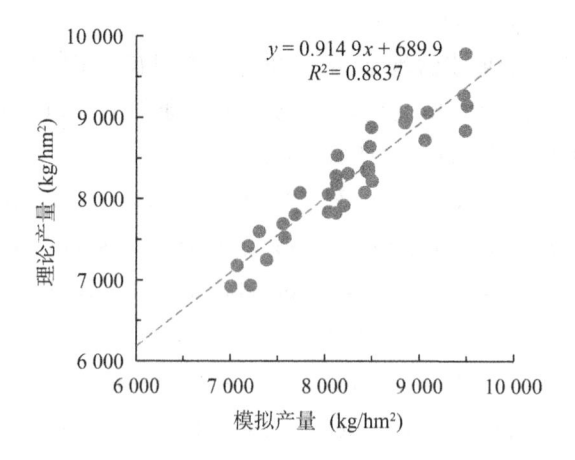

图 7.2 生育阶段水位—产量模型的拟合效果

从敏感指数来看,受旱敏感指数和受涝敏感指数的大小顺序均为分蘖期＞乳熟期＞抽穗开花期＞拔节孕穗期,这与试验所得结果是一致的,但分蘖期受旱敏感指数最大与前人利用水分生产函数研究的结论不一致。事实上分蘖期受旱会显著地抑制分蘖的发生,使得水稻群体数量减少,导致有效穗数不足而减产明显;水稻拔节孕穗期是营养生长与生殖生长并进期,是其一生中生命活力最强的时期,在群体数量满足高产要求时,旱、涝胁迫对其影响有限;抽穗开花期虽然对水分要求比较敏感,但该期根系活力尚处在衰退的边缘,旱涝胁迫对产量的影响要比拔节孕穗期大;进入乳熟期水稻根系活力明显下降,旱涝胁迫对根系活力衰退有明显的促进作用,对产量的影响又要比抽穗开花期大。

以上结果可以认为,分蘖期尤其是有效分蘖期应尽量避免旱涝胁迫尤其是旱涝交替胁迫;拔节孕穗期适当的旱涝胁迫对产量影响最小;抽穗开花期和乳熟期适当的旱涝胁迫对产量影响也不显著。

利用所建立水稻水位—产量模型,可以进行稻作灌区灌溉排水的优化决策。

本章参考文献

[1] 俞双恩,缪子梅,邢文刚,等. 以农田水位作为水稻灌排指标的研究

进展[J].灌溉排水学报,2010,29(2):134-136.

[2] 李中恺,刘鹄,赵文智.作物水分生产函数研究进展[J].中国生态农业学报,2018,26(12):1781-1794.

[3] 康绍忠.农业水管理学[M].北京:中国农业出版社,1996.

[4] 钱龙,王修贵,罗文兵,等.涝渍胁迫条件下Morgan模型的试验研究[J].农业工程学报,2013,29(16):92-101.

[5] Evans R. O., Skaggs R. W. Stress day index models to predict corn and soybean yield response to water table management[C]// Subsurface Drainage Simulation Models. The Hague:Transactions of Workshop, 15th Congress ICID, 1993:219-234.

[6] Ahmad N., Kanwar R. S. Stress day index approach to predict crop yield under high water table condition[C]. Labore-Pakistan:Proceedings of 5th International Drainage Workshop, 1992, 2:29-38.

[7] Sapino F, Pérez-Blanco C D, Gutiérrez-Martín C, et al. Influence of crop-water production functions on the expected performance of water pricing policies in irrigated agriculture[J]. Agricultural Water Management, 2022, 259:107248.

[8] 温季,王少丽,王修贵.农业涝渍灾害防御技术[M].北京:中国农业科技出版社,2000:1-50.

[9] 王修贵,沈荣开,王友贞,等.受渍条件下作物水分生产函数的田间试验研究[J].水利学报,1999,8:40-45.

[10] 沈荣开,王修贵,张瑜芳,等.涝渍排水控制指标的初步研究[J].水利学报,1999,3:71-74.

[11] 王嫔,俞双恩,张春晓.水稻旱涝胁迫条件下的Morgan模型研究[J].灌溉排水学报,2016,35(5):62-66.

[12] 李亚龙,崔远来,李远华.作物水氮生产函数研究进展[J].水利学报,2006(6):704-710.

[13] 王康,沈荣开,王富庆.作物水分—氮素生产函数模型的研究[J].水科学进展,2002,13(6):736-740.

[14] 王君,俞双恩,丁继辉,等.水稻不同生育阶段稻田水位调控对产量因子及产量的影响[J].河海大学学报(自然科学版),2012,40(6):664-669.

[15] Sharma V, Irmak S. Comparative analyses of variable and fixed rate irrigation and nitrogen management for maize in different soil types: Part II. Growth, grain yield, evapotranspiration, production functions and water productivity[J]. Agricultural Water Management, 2021, 246: 106653.

[16] Varzi M M. Crop Water Production Functions—A Review of Available Mathematical Method[J]. Journal of Agricultural Science, 2016, 8(4): 76.

[17] 程伦国, 王修贵, 朱建强, 等. 多过程连续涝渍胁迫对棉花产量的影响[J]. 中国农村水利水电, 2006(8): 59-61.

[18] 朱建强, 乔文军. 涝渍连续过程以时间为尺度的作物排水控制指标研究[J]. 灌溉排水学报, 2003(5): 67-71.

[19] 汤广民. 以涝渍连续抑制天数为指标的排水标准试验研究[J]. 水利学报, 1999(4): 26-30.

[20] 李慧伶, 王修贵, 程伦国, 等. 多阶段受涝渍综合影响的农田排水指标试验研究[J]. 灌溉排水学报, 2005(4): 1-4.

第八章
水稻控制灌排的节水减排效应及调控指标

已有研究表明,将水稻节水灌溉技术与控制排水相结合,可高效利用养分和水分,充分发挥稻田的湿地效应,减少灌排定额和稻田氮磷污染物负荷,实现节水高产、减排、控污的目标。作者在2008年以农田水位作为调控水稻田间灌排的统一指标,系统研究了农田水位调控对水稻群体质量指标、水稻生理指标、稻田水质指标的影响,在综合考虑水资源高效利用、高产和减少面源污染等因素的基础上,优选出水稻各生育阶段合理灌排的农田水位调控指标,进而提出水稻控制灌排技术。本章以稻田水位为灌排调控技术指标,基于大田观测试验资料,分析水稻生长期间控制灌排技术对灌排水量和氮磷流失量的影响,进而分析水稻控制灌排的节水减排效应。

8.1 材料与方法

8.1.1 大田试验区概况

试验于2015年和2016年6—10月的水稻大田生长期在涟水县水利试验站试验田内进行。试验区位于江苏省淮安市涟水县朱码镇境内,属于亚热带湿润性气候,年平均气温14.4℃,降雨量时间分布不均,年内变化和年际变化较大,多年平均降雨量979.1 mm,年蒸发量1 385.4 mm(小型蒸发皿),日照时数2 280 h,平均无霜期240 d。供试区耕层土壤质地为壤土,0~30 cm土层土壤田间持水率为27.9%(质量含水率),土壤容重为1.42 g/cm³,pH值为6.82,有机质质量分数为2.19%,全氮为0.98 g/kg,全磷为1.72 g/kg。

8.1.2 试验方案设计

供试水稻品种为当地高产品种两优9918。2015年水稻于5月23日泡种,5月25日育秧,6月23日移植于各试验小区田块,10月28日收割。2016年水稻于5月27日泡种,5月30日育秧,6月27日移植,10月30日收割。水稻移植密度皆为15 cm×22 cm,每穴3根籽苗。水稻生长期共施3次肥,基肥为复合肥(N∶P∶K为15∶15∶15),施肥量为900 kg/hm²,基肥在泡田后均匀散施田中,随即用田耙将它与表土拌匀。追肥2次均为尿素(含氮量为46.4%),其中分蘖肥施肥量为50 kg/hm²(2015年在移栽后23 d撒施,2016年在移栽后18 d撒施),穗肥施肥量为50 kg/hm²(2015年在移栽后42 d撒施,2016年在移栽后39 d撒施)。水稻各生育期起止时间见表8.1。

表8.1 水稻各生育期起止时间

生育期	2015年 日期	2015年 移栽后天数	2016年 日期	2016年 移栽后天数
分蘖期	07/01—07/30	8~37	07/06—08/04	9~38
拔节孕穗期	07/31—08/17	38~55	08/05—08/21	39~55
抽穗开花期	08/18—09/09	56~78	08/22—09/10	56~75
乳熟期	09/10—10/02	79~101	09/11—09/30	76~95
黄熟期	10/03—10/28	102~127	10/01 - 10/30	96~125

为探究控制灌排技术的节水减排效应,将控制灌排分为轻旱控排(LCID)和重旱控排(HCID)2种处理,各处理水位调控方案设计详见表8.2。常规灌排(CK)采用控制灌溉(农田水位低于-200 mm灌水到30 mm)和传统排水模式(农田水位超过允许蓄水深度时排除超高部分水层)。2种控制灌排处理其雨后允许蓄水深度均大于CK,HCID灌水下限均低于CK。每个处理布置在1个格田内,格田规格为90 m×27 m,每个格田长边相邻布置供水渠和排水沟,短边有农渠和农沟,格田四周嵌入35 cm的薄膜并覆盖到田埂,消除各处理之间的水位影响。每个格田设3个重复。所有处理,除水位调控严格按照设计指标执行外,其他农技措施一致。

8.1.3 指标测定

降雨量:由涟水县水利试验点自动气象站安装的雨量计收集降雨数据。

表 8.2　各处理农田水位调控方案　　　　　　　　　　单位：mm

生育期	CK 灌水下限	CK 灌水上限	CK 雨后允许蓄水深度	LCID 灌水下限	LCID 灌水上限	LCID 雨后允许蓄水深度	HCID 灌水下限	HCID 灌水上限	HCID 雨后允许蓄水深度
分蘖期	−200	30	60	−200	30	100	−500	30	100
拔节孕穗期	−200	30	60	−200	30	200	−500	30	200
抽穗开花期	−200	30	60	−200	30	200	−500	30	200
乳熟期	−200	30	60	−200	30	200	−500	30	200
黄熟期	不留水层，自然落干								

注：农田水位以田面为"0"，正值表示田面水层深度，负值表示农田地下水的埋深。

农田水位：每天 9:00 对田间水位进行观测。当田面有水层时，通过竖尺在固定观测点测量田面水层深度。无水层时，通过在试验田块中间等距离安装的 3 个地下水位观测井记录各小区浅层地下水的埋深。

农田灌排水量：农田灌水量通过水表测量，地表排水量采用水位差法，通过水尺定点观测排水前后田间水层深度差，排水遇雨时地表排水总量需要加上该排水时段内降雨总量。

田间耗水量、作物需水量及渗漏量：在各试验小区中央设置铁皮有底测筒，测筒内种植水稻，测筒水管理措施与试验小区保持一致。试验小区消耗水量为田间耗水量，有底测筒的耗水量作为水稻需水量，渗漏量为两者之差。消耗水量皆采用水量平衡原理计算，需同步监测小区及测筒的水位、降雨量、灌排水量。其中测筒水位于每日 9:00 监测，有水层时量测水面到筒口的距离，无水层时利用与测筒底部连接的地下水观测管量测水面到筒口的高度。

水样提取及分析方法：地表水在每个小区随机选择 3~5 个取样点，用 50 mL 医用注射器，不扰动土层抽取，取好后将地表水样进行混合装入样品瓶并做好标记；土壤渗滤液取样管为 90 cm 的 PVC 管，其中地上部分为 20 cm，在离底部管口 5~15 cm 处打孔，用尼龙纱网将开孔处包紧，用铁丝扎好，防止土壤将孔堵塞，底部用塞子密封，以此取样管用来收集 60 cm 土层处的土壤渗滤液，并用脚踏吸引器提取渗漏液，装入塑料瓶并做好标记。各水样采集后低温保存于冰箱中，进行冷藏(3℃)处理，并在 24 h 内进行水质分析。地表水 7 d 取 1 次水样，地下水 10 d 取 1 次水样，遇雨和施肥加测。监测指标有铵态氮(NH_4^+-N)、硝态氮(NO_3^--N)和总磷(TP)。水样测定分别采用纳氏试剂

第八章 水稻控制灌排的节水减排效应及调控指标

光度法、紫外分光光度法和钼锑抗分光光度法，测定仪器为岛津 UV2800 紫外分光光度仪。

考种与测产：每小区调查 3 处每各 1 m 收获穗数，并从中随机采集 5 穴作为水稻产量构成因子的测定，调查每穗粒数、结实率以及千粒质量等指标。各小区选取 5m² 的测产区实际测产。

8.2 控制灌排对灌水量、排水量和渗漏量的影响

各处理降雨量、灌排情况和农田水位变化如图 8.1 所示。试验区 2015 年、2016 年水稻大田期降雨总量分别为 831.0 mm 和 561.0 mm，其中暴雨发生次数分别为 4 次和 3 次，大暴雨仅 2015 年发生 1 次，日雨量达 181 mm。各处理灌排水量、灌排水次数和渗漏量见表 8.3。

表 8.3 不同处理灌排水量、灌排次数和渗漏量

年份	处理	灌水量/mm	排水量/mm	渗漏量/mm	灌水次数	排水次数
2015 年	CK	310[a]	347[a]	317[b]	4[a]	6[a]
	LCID	260[b]	109[b]	407[a]	4[a]	3[b]
	HCID	195[c]	95[b]	367[a]	2[b]	2[c]
2016 年	CK	607[a]	279[a]	315[a]	8[a]	5[a]
	LCID	548[b]	187[b]	334[a]	7[b]	2[b]
	HCID	448[c]	162[b]	288[b]	5[c]	2[b]

注：同一年份同一列不同小写字母分别表示处理间差异达到 5% 显著性水平，下同。灌水包含移栽前的泡田灌水。

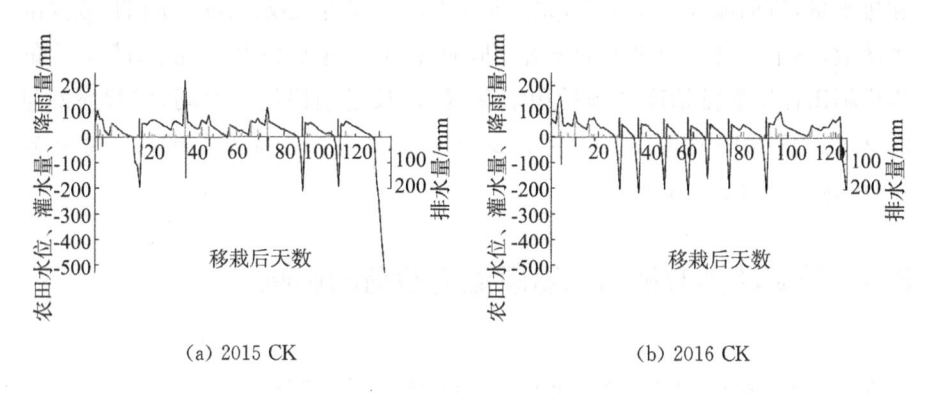

(a) 2015 CK

(b) 2016 CK

(c) 2015 LCID　　　　　　　(d) 2016 LCID

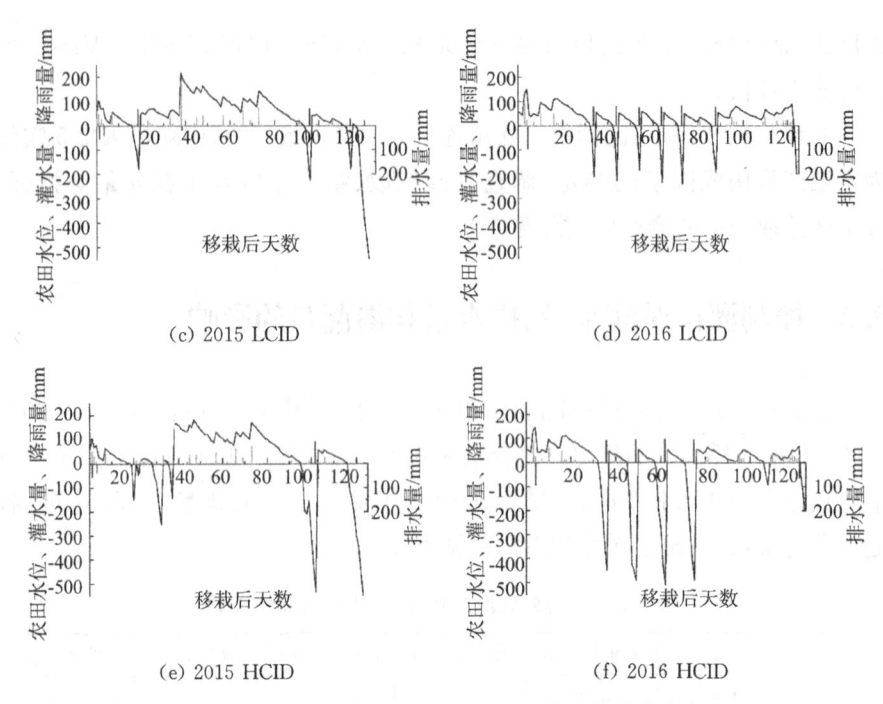

(e) 2015 HCID　　　　　　　(f) 2016 HCID

图 8.1　各处理农田水位及降雨量、灌排量动态变化

　　2015 年 LCID、HCID 与 CK 相比,灌水量分别减少了 16.13% 和 37.10%,地表排水量分别减少了 68.59% 和 72.62%,稻田渗漏量分别增加了 28.39% 和 15.77%;2016 年 LCID、HCID 与 CK 相比,灌水量分别减少了 9.72% 和 26.19%,地表排水量分别减少了 32.97% 和 41.94%,稻田渗漏量仅 HCID 减少 8.57%。以上结果表明控制灌排可有效减少稻田的排水次数和排水量,进而减少灌溉定额,尤其是 HCID 处理能够延长灌水周期,减少灌水次数,其节水省工效果更加显著。同时在 2015 年水稻生长期降雨量较大的年份稻田控制灌排抬高了雨后积水深度,延长了稻田淹水时间,引起渗漏量的增加。而 2016 年由于降雨量较少,HCID 处理田面无水层的时间累积较长,渗漏量反而显著减少。

8.3　控制灌排对稻田水氮磷流失负荷的影响

8.3.1　地表水 NH_4^+-N、NO_3^--N 浓度动态变化

地表水 NH_4^+-N、NO_3^--N 浓度动态变化如图 8.2 所示。

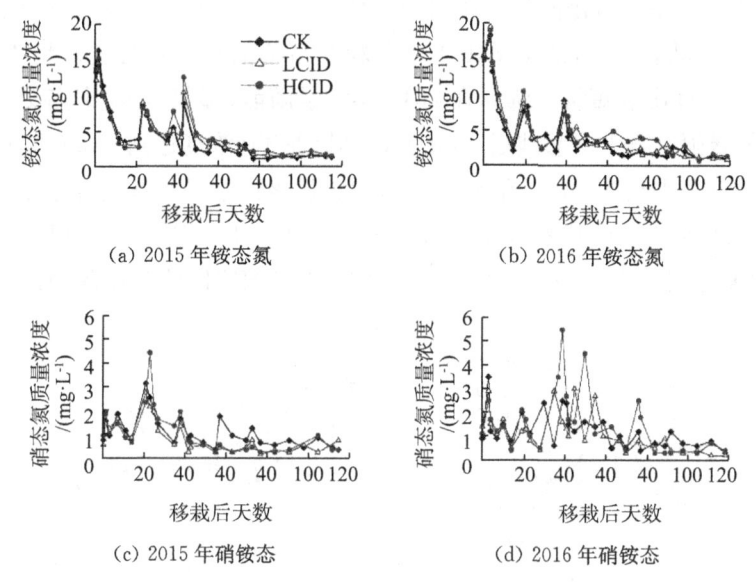

图 8.2 地表水中铵态氮和硝态氮质量浓度动态变化

总体趋势是随着生育进程的发展氮素浓度逐渐降低。生育初期基肥施入田间,此时水稻根系不发达,对氮素吸收能力较差,NH_4^+-N 和 NO_3^--N 浓度偏高。水稻进入分蘖期生长旺盛对氨态氮的需求量增大,NH_4^+-N 浓度迅速降低,追施分蘖肥和穗肥后,地表水中的 NH_4^+-N 和 NO_3^--N 浓度会有短暂的升高,大暴雨或旱后灌水也会使地表水 NH_4^+-N 和 NO_3^--N 浓度有所上升。2015 年移栽后第 38 天发生大暴雨,日降雨量达到 181 mm,各处理氮素浓度有较大幅度的增加。降雨后 HCID 处理地表水 NH_4^+-N 和 NO_3^--N 浓度比 CK 分别高 56.25% 和 42.86%,比 LCID 分别高 44.23% 和 17.65%,达显著水平($P<0.05$)。各处理全生育期内地表水 NH_4^+-N 和 NO_3^--N 的平均浓度如表 8.4 所示。2015 年 LCID 处理与 CK 相比地表水 NO_3^--N 平均浓度降低 23.60%,HCID 处理地表水 NH_4^+-N 平均浓度与 CK 相比增加 21.29%。2016 年 LCID 处理与 CK 相比氮素浓度变化不显著,而 HCID 处理地表水 NH_4^+-N、NO_3^--N 平均浓度与 CK 相比分别增加了 26.26% 和 23.14%。不同处理对地表水氮素平均浓度的影响在 2 年间存在差异主要受到年降雨变化的强烈作用。

8.3.2 地表水 TP 浓度动态变化

如图 8.3 所示,稻田地表水 TP 浓度变化波动较大,但整体趋势也是随着作物生长 TP 浓度逐渐降低。肥料的施加、降雨、灌溉造成的水层紊动和击溅侵蚀都会扰动表土层,使得稻田表土颗粒及富集的磷素容易进入地表水中,引起 TP 浓度出现短暂高峰。在 2015 年大暴雨前(移栽后 35 d)各处理浓度相当,但暴雨后第 1 d(移栽后 38 d)HCID 处理 TP 浓度达到 3 mg/L,比 CK、LCID 浓度分别高 56.67%和 46.67%,达到显著性水平。各处理全生育期内地表水 TP 平均浓度见表 8.4,与 CK 相比,2015 年 LCID、HCID 地表水 TP 平均浓度分别升高 22.22%、44.44%,2016 年仅 HCID 处理升高 11.65%。

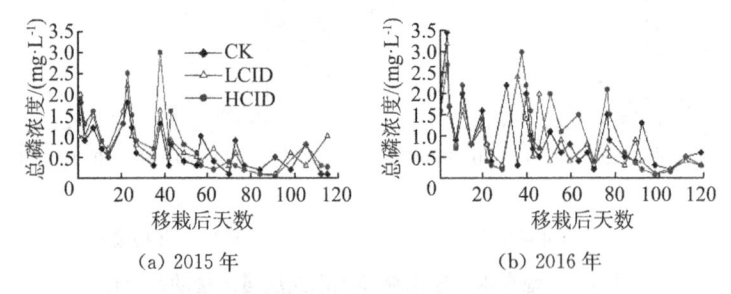

(a) 2015 年 (b) 2016 年

图 8.3 地表水 TP 质量浓度动态变化

8.3.3 地表排水氮磷流失负荷分析

各处理将每次地表排水的水量与该次排水时氮磷浓度的乘积进行累加可得到 2 年不同处理稻田排水的氮磷负荷流失量,如表 8.4 所示。与 CK 相比,2015 年 LCID 和 HCID 处理 NH_4^+-N 负荷减少了 51.48%、53.29%,NO_3^--N 负荷减少了 77.60%、81.60%,TP 负荷减少了 61.58%、67.24%;2016 年 LCID 和 HCID 处理 NH_4^+-N 负荷减少了 16.26%、19.88%,NO_3^--N 负荷减少了 27.34%、28.09%,TP 负荷减少了 45.85%、49.23%。控制灌排两处理氮磷负荷削减效果均达到显著性水平,但控制灌排两处理间的削减效果差异不显著。

表 8.4 不同处理地表水氮磷平均浓度和氮磷径流流失量

年份	处理	氮磷平均浓度/(mg·L⁻¹)			氮磷径流流失量/(kg·hm⁻²)		
		总磷	硝态氮	铵态氮	总磷	硝态氮	铵态氮
2015	CK	0.72[c]	1.16[a]	4.18[b]	4.06[a]	5.00[a]	23.68[a]
	LCID	0.88[b]	0.89[b]	4.49[b]	1.56[b]	1.12[b]	11.49[b]
	HCID	1.04[a]	1.07[a]	5.07[a]	1.33[b]	0.92[b]	11.06[b]

续表

年份	处理	氮磷平均浓度/(mg·L^{-1})			氮磷径流失量/(kg·hm^{-2})		
		总磷	硝态氮	铵态氮	总磷	硝态氮	铵态氮
2016	CK	1.03^b	1.21^b	4.38^b	3.25^a	2.67^a	17.96^a
	LCID	0.95^b	1.11^b	4.87^b	1.76^b	1.94^b	15.04^b
	HCID	1.15^a	1.49^a	5.53^a	1.65^b	1.92^b	14.39^b

注：同一年份同一列 a、b 表示显著性差异($P<0.05$)。

8.3.4 控制灌排对氮磷淋失负荷的影响

根据水稻全生育期田间渗漏水氮磷实测资料，不同灌排模式氮磷淋溶液平均浓度如表 8.5 所示。与 CK 相比，2015 年仅 LCID 处理中 NO_3^--N 浓度显著减少了 27.15%，而 2016 年 HCID 处理 NH_4^+-N、NO_3^--N、TP 较 CK 分别增加了 20.36%、30.53%、21.04%（$P<0.05$）。根据取样测得的渗漏水中氮磷浓度，结合小区和测筒耗水量之差所得到的渗漏量，可分别计算出各处理氮磷淋失量。2 年全生育期氮磷淋失量如表 8.5 所示，与 CK 相比，在 2015 年水稻全生育期内 LCID 与 HCID 处理 TP 淋失量分别增加了 25.56%、29.32%，NH_4^+-N 淋失负荷增加了 30.07%、40.03%。而 2016 年水稻全生育期内仅 HCID 处理 TP、NH_4^+-N、NO_3^--N 淋失量分别增加了 20.63%、40.03%和 27.45%。在生育期降雨较多时 LCID、HCID 处理均存在 TP、NH_4^+-N 淋失负荷总量明显升高，但在降雨较少时 LCID 处理与 CK 差异不大，而 HCID 会显著增加氮磷淋失负荷，存在地下水污染风险。

表 8.5 不同处理渗漏水氮磷的平均浓度及氮磷淋失量

年份	处理	氮磷平均浓度/(mg·L^{-1})			氮磷淋失量/(kg·hm^{-2})		
		总磷(TP)	硝态氮	铵态氮	总磷(TP)	硝态氮	铵态氮
2015	CK	0.33^a	0.71^a	1.60^a	1.33^b	2.79^a	6.12^b
	LCID	0.36^a	0.52^b	1.82^a	1.67^a	2.56^a	7.96^a
	HCID	0.37^a	0.68^a	1.85^a	1.72^a	2.82^a	8.57^a
2016	CK	0.49^b	0.72^b	1.77^b	1.60^b	3.57^b	7.37^b
	LCID	0.46^b	0.70^b	1.87^b	1.71^b	3.29^b	7.93^b
	HCID	0.59^a	0.94^a	2.13^a	1.93^a	4.55^a	8.99^a

注：同一年份同一列 a、b 表示显著性差异($P<0.05$)。

8.3.5　控制灌排对稻田水氮磷流失负荷影响的讨论

控制灌排会影响暴雨后的田面水氮磷浓度,是由于拦蓄雨水后水层偏高,在长时间处于淹水状态下,强烈的厌氧环境抑制了氮素的硝化反应,促进了反硝化微生物和反硝化酶的活性,$NO_3^- - N$ 浓度降低达到显著性水平,也使雨后的 $NH_4^+ - N$ 浓度有所提高。同时由于土壤供氧不足,Eh 值降低,pH 升高,磷酸金属化合物三价 Fe 被还原转化为二价可溶解性 Fe 离子,释放出更多的可溶性磷,TP 浓度显著增加。控制灌排在暴雨后及旱后复水时的田面水氮磷浓度波动较大。2015 年发生大暴雨时由于田面不同水深而导致浓度存在明显差异,CK 处理中田面具有 5 mm 左右的水层,而 HCID 处理在降雨时田面无水层,被土壤吸附的 $NH_4^+ - N$ 及 TP 在雨滴对土壤造成的击溅侵蚀下迅速悬浮于水中,且前期干旱有氧条件利于有机氮的矿化及铵态氮的硝化作用,$NO_3^- - N$ 在土壤中逐渐累积,使 $NO_3^- - N$ 浓度在降雨扰动时发生"脉冲"现象。从旱后复水情况来看,HCID 处理田面落干时间较长,有机碳和有机氮矿化能力加强,但随着有机质逐步减少,土壤对 $NH_4^+ - N$ 吸附能力降低,且硝化作用也更强烈,使得 2016 年最初几次旱后复水时 $NH_4^+ - N$ 浓度差异不明显,$NO_3^- - N$ 浓度偏高,但经历过几次干旱胁迫后可能降低了水稻对氨氮的吸收能力,而在移栽后 60～90 d 时 $NH_4^+ - N$ 浓度较高。HCID 处理旱后复水引起 TP 浓度偏高可能是由于在干旱初期好氧微生物快速生长,致使磷迁移至微生物群落中,而后期干燥条件下,会引起微生物的死亡,复水时被微生物所吸收利用的磷被逐步释放出来。

针对地表排水造成的氮磷污染,试验结果显示控制灌排不仅会增加雨后地表水中 $NH_4^+ - N$ 浓度和 TP 浓度,而且会提高全生育期的氮磷素平均浓度,但由于控制灌排拦蓄降雨,控制含高浓度氮素地表水的排放,有效实现地表控污的目标。针对氮磷素淋溶对地下水造成的潜在不良影响,结果表明 2015 年由于降雨量大,控制灌排引起 TP 和 $NH_4^+ - N$ 淋溶量的升高,但未对 $NO_3^- - N$ 淋溶量造成差异。这是渗漏量及浓度因子的共同影响的结果,一方面田间水层高,土壤水势梯度增加,渗漏量显著提升,另一方面由于 TP 和 $NH_4^+ - N$ 易被土壤吸附,并未造成田间渗漏水中浓度的升高,而 $NO_3^- - N$ 虽极易随水流失,但淹水条件促进了土壤中反硝化作用,$NO_3^- - N$ 浓度反而有所降低。在 2016 年 LCID 与 HCID 对氮磷淋失的表现却截然不同,其中 HCID 渗漏总量减少,而氮磷流失浓度显著提高,总体而言增加了氮磷的淋溶损失。

土壤落干程度的区别可能是导致控制灌排氮磷渗漏液中浓度差异的主要原因,但其具体影响机理需结合不同土层土壤中氮磷浓度变化分析,有待进一步研究。

8.4 水稻控制灌排对产量的影响

表 8.6 表明不同灌排模式对水稻产量的影响未达到显著水平。在产量构成因子方面,LCID、HCID 除单位面积有效穗数和每穗实粒数有显著影响外,其余均与对照之间差异不显著。2015 年 LCID、HCID 处理的平方米有效穗数较 CK 分别降低了 21.68% 和 17.80%($P<0.05$),而每穗实粒数增加了 21.85% 和 13.45%($P<0.05$)。2016 年 LCID、HCID 处理的单位面积有效穗数较 CK 分别降低了 9.31% 和 9.91%,达到显著水平($P<0.05$)。

表 8.6 不同灌排模式对水稻产量及构成因子的影响

年份	处理	每平方米有效穗数	每穗粒数	结实率/%	千粒质量/g	理论产量/(kg·hm^{-2})	实际产量/(kg·hm^{-2})
2015	CK	309±5[a]	119±5[b]	88.9±1.4[a]	26±0.3[a]	8 422±186[a]	8 263±112[a]
	LCID	242±5[b]	145±9[a]	91.2±1.6[a]	25.7±0.6[a]	8 206±218[a]	8 092±153[a]
	HCID	254±9[b]	135±3[a]	88.2±1.5[a]	26.7±0.6[a]	8 060±197[a]	7 981±185[a]
2016	CK	333±4[a]	135±7[a]	85±2[a]	24.7±0.2[a]	9 430±324[a]	9 239±235[a]
	LCID	302±3[b]	146±8[a]	86.1±1.1[a]	24.6±0.4[a]	9 329±284[a]	9 206±136[a]
	HCID	300±4[b]	139±3[a]	82.8±2.4[a]	25.6±0.9[a]	8 849±406[a]	8 801±298[a]

注:同一年份同一列 a、b 表示显著性差异($P<0.05$)。

两年的试验表明,控制灌排技术模式均会显著降低有效穗数。2015 年造成有效穗数降低的原因可能是拔节孕穗-抽穗开花期稻田长期保持较深水层的淹水,减少了水稻植株低位的绿叶数,使未形成根系的小分蘖在淹水时因光合作用和呼吸作用受阻而死亡,且在生育后期优势大穗对劣势小穗起到明显的抑制作用,虽每穗平均穗粒数有所增加,但有效穗数明显减少。2016 年造成有效穗数降低的原因可能是在分蘖前中期保持浅水层有利于提高土壤营养元素的有效性,增加分蘖总数和有效分蘖数,而 LCID、HCID 水层较高,抑制了有效分蘖期的分蘖。卞金龙等试验研究表明土壤落干程度较重会显著降低水稻有效穗数和结实率,且千粒质量的增加未能补偿下降损失,从而造成减产,但在本研究中 2016 年 HCID 处理稻田经历 4 次重度干湿交替后较 LCID 仅结实率略微下降，这可能与干湿交替发生的时期有关。

8.5 水稻灌排方案优选

8.5.1 评价指标体系

水稻控制灌排技术水位调控指标在各生育阶段有多种组合方式，形成不同的水稻控制灌排技术方案。为指导南方稻作区灌排实践，科学制定水稻控制灌排制度，应用基于组合权重的 TOPSIS 理想解法进行水稻灌排方案优选决策，结合试验数据结果，筛选出节水、减排、高产效果趋向于最优化的水稻控制灌排方案。在评价指标层中，一级指标层选择了产量、节水、减排 3 个指标，二级指标层在产量方面以提高实测籽粒产量为目标；节水方面考虑到实现水资源合理利用及满足水稻高产需水要求，针对南方地区降雨频繁情况，选择雨水利用率和灌水量 2 个指标；减排控污方面，考虑缓解氮磷污染的问题，选择 TP 和水体中主要的 2 种氮素 NH_4^+-N 和 NO_3^--N 地表流失量和淋溶量作为指标，共 9 个二级指标，其中，产量和雨水利用率 2 项指标为正向指标，其余 7 项指标为逆向指标。根据 2015—2016 年试验结果进行指标赋值，评价指标层及各控制灌排方案对应的评价指标赋值如表 8.7 所示。

表 8.7 评价指标层及各指标赋值

一级 指标层	二级 指标层	指标 序号	指标 类型	2015 1 CK	2015 2 LCID	2015 3 HCID	2016 1 CK	2016 2 LCID	2016 3 HCID
产量指标	产量	1	正向	8 263	8 092	7 981	9 239	9 206	8 801
节水指标	雨水利用率	2	正向	58	78	81	50	66	71
	灌水量	3	逆向	310	260	195	607	548	448
减排指标	TP 径流损失	4	逆向	4.06	1.56	1.33	3.25	1.76	1.65
	NH_4^+-N 径流损失	5	逆向	23.68	11.49	11.06	17.96	15.04	14.39
	NO_3^--N 径流损失	6	逆向	5.00	1.12	0.92	2.67	1.94	1.92
	TP 淋溶量	7	逆向	1.33	1.67	1.72	1.60	1.71	1.93
	NH_4^+-N 淋溶量	8	逆向	6.12	7.96	8.57	7.37	7.93	8.99
	NO_3^--N 淋溶量	9	逆向	2.79	2.56	2.82	3.57	3.29	4.55

注：正向表示指标值越大越优指标，逆向表示指标值越小越优指标。

8.5.2 综合赋权法计算方法

采用基于主观赋权的序关系分析法(rank correlation analysis method)，用专家经验对指标的重要程度进行判断，得出各指标主观权重；然后采用基于数据差异驱动原理的熵权法(entropy method)求得各指标客观权重；最后利用拉格朗日最优乘子法确定指标综合权重值。

(1) 序关系分析法

序关系分析法避免了过于复杂的权重计算过程，而且能过充分体现专家的经验和意志。

① 首先明确序关系。确定对于评价准则具有的指标序关系为 $x_1 > x_2 > \cdots > x_n$。

② 然后确定相邻指标间的相对重要性程度。设专家评价指标 x_{k-1} 与 x_k 的重要程度之比 r_k 的理性判断为：

$$r_k = x_{k-1}/x_k \tag{8-1}$$

式中，$k = n, n-1, \cdots, 3, 2$。

r_k 体现了相邻两指标之间的相对重要性，当同等重要时 $r_k = 1$，而前一项指标比后一项稍微重要取 1.2，明显重要取 1.4，强烈重要取 1.6，极端重要取 1.8。

一级指标层中，一般认为产量与减污指标同等重要，而这2项相对节水指标稍微重要。二级指标层在节水指标中灌水量比雨水利用率强烈重要，而在减污指标中，根据《地表水环境质量标准》和《地下水环境质量标准》中基本分类指标，可将 TP、$NH_4^+ - N$ 地表流失量及 $NH_4^+ - N$、$NO_3^- - N$ 地下淋失量作为相对稍微重要指标。

③ 最后进行权重系数 w_k 的计算：

$$w_k = \left(1 + \sum_{k=2}^{n} \prod_{i=k}^{n} r_k \right)^{-1} \tag{8-2}$$

$$w_{k-1} = r_k w_k \tag{8-3}$$

(2) 熵权法

熵权法是一种基于数据差异驱动原理的客观赋权方法，计算步骤简单，有效利用了指标数据,排除了主观因素的影响。某项指标的差异越大,熵权越小,该指标提供的信息量越大,在评价中所起作用越大,权值越大。

① 指标预处理

设有 m 个评价对象,n 个评价指标,所得到的原始数据矩阵为:

$$\boldsymbol{A} = \begin{bmatrix} x_{11} & \cdots & x_{1n} \\ \vdots & \ddots & \vdots \\ x_{m1} & \cdots & x_{mn} \end{bmatrix} \tag{8-4}$$

基于极值处理法将各指标归一化到[0,1]区间。

对于越小越优逆向指标值的指标而言:

$$r_{ij} = \frac{x_{ij} - \min\{x_{ij}\}}{\max\{x_{ij}\} - \min\{x_{ij}\}} \tag{8-5}$$

对于越大越优正向指标值的指标而言:

$$r_{ij} = \frac{\max\{x_{ij}\} - x_{ij}}{\max\{x_{ij}\} - \min\{x_{ij}\}} \tag{8-6}$$

进而得到标准化处理后的矩阵为:

$$\boldsymbol{R} = \begin{bmatrix} r_{11} & \cdots & r_{1n} \\ \vdots & \ddots & \vdots \\ r_{m1} & \cdots & r_{mn} \end{bmatrix} \tag{8-7}$$

式中,r_{ij} 为第 i 个评价对象在第 j 个评价指标上的标准值,$r_{ij} \in [0,1]$。$i=1,2,\ldots,m;j=1,2,\ldots,n$。

② 计算各指标的熵值

第 j 项指标下第 i 个被评价对象的特征比重:

$$p_{ij} = \frac{r_{ij}}{\sum_{i=1}^{m} r_{ij}} \tag{8-8}$$

第 j 项指标的熵值:

$$e_j = -\frac{-1}{\ln m} \sum_{i=1}^{m} p_{ij} \ln(p_{ij}), k>0, e_j>0 \tag{8-9}$$

③ 确定各指标权数

$$w_j = \frac{1-e_j}{n-\sum\limits_{j}^{n} e_j} \qquad (8-10)$$

（3）综合赋权法

序关系分析法利用专家经验得到各指标权重，反映了专家对指标重要程度的判断，没有考虑指标本身的差异对指标权重的影响；熵权法充分运用指标的数据信息的差异来确定指标权重，体现出完全客观的权重赋值，没有反映各指标的重要程度。所以将序关系分析法与熵权法相结合，从而使各个指标权重更加合理客观，不仅体现专家经验，还体现数据本身信息。

综合序关系分析法得到的主观权重 w_k 和熵权法得到的客观权重 w_j，确定综合权重：

$$W_j = \frac{w_k w_j}{\sum\limits_{j=1}^{n} w_k w_j} (k=j) \qquad (8-11)$$

为使综合权重 W_j 与主客观权重 w_k 和 w_j 尽可能接近，根据最小信息熵原理，即：$\min E = \sum\limits_{k=1}^{n} W_j (\ln\frac{W_j}{w_k}) + \sum\limits_{j=1}^{n} W_j \ln\left(\frac{W_j}{w_j}\right) (k=j)$，用拉格朗日乘子法优化可得综合权重计算式为：

$$W_j = \frac{(w_k w_j)^{\frac{1}{2}}}{\sum\limits_{j=1}^{n} (w_k w_j)^{\frac{1}{2}}} \qquad (8-12)$$

式中，$\sum\limits_{j=1}^{n} W_j = 1$，$W_j \geqslant 0$，$j=1,2,\ldots,n$，$k=j$。

通过计算得到 2015 年、2016 年各指标权重值见表 8.8。

表 8.8　指标权重值

指标序号	序关系分析法	2015 熵值法	2015 综合权重	2016 熵值法	2016 综合权重
1	0.353	0.092	0.199	0.082	0.189
2	0.112	0.080	0.104	0.081	0.106

续表

指标序号	序关系分析法	2015 熵值法	2015 综合权重	2016 熵值法	2016 综合权重
3	0.180	0.083	0.135	0.083	0.135
4	0.063	0.145	0.105	0.153	0.109
5	0.063	0.163	0.112	0.122	0.097
6	0.052	0.157	0.100	0.169	0.104
7	0.052	0.080	0.071	0.100	0.080
8	0.063	0.080	0.078	0.095	0.086
9	0.063	0.120	0.096	0.115	0.094

8.5.3 灌排方案优选

TOPSIS 模型即为"逼近理想解排序方法",它是系统工程中常用的决策技术,主要用来解决有限方案多目标决策问题,是一种运用距离作为评价标准的综合评价法。通过定义目标空间中的某一测度,据此计算目标靠近/偏离正、负理想解的程度,可以评估有限方案的优劣。

借助加权思想,运用综合权重 W_j 构建加权规范化评价矩阵 Y,具体计算公式为:

$$Y = \begin{bmatrix} y_{11} & \cdots & y_{1n} \\ \vdots & \ddots & \vdots \\ y_{m1} & \cdots & y_{mn} \end{bmatrix} = \begin{bmatrix} r_{11} \cdot W_1 & \cdots & r_{1n} \cdot W_n \\ \vdots & \ddots & \vdots \\ r_{m1} \cdot W_1 & \cdots & r_{mn} \cdot W_n \end{bmatrix} \quad (8\text{-}13)$$

设 Y^+ 为评价数据中第 j 个指标在第 i 个方案的最大值,即最偏好的方案,称为正理想解;Y^- 为评价数据中第 j 个指标在 i 个方案的最小值,即最不偏好的方案,称为负理想解,其计算方法为:

$$Y^+ = \{\text{man } y_{ij} \mid j = 1, 2, \ldots, n\} = \{y_1^+, y_2^+, \ldots, y_n^+\} \quad (8\text{-}14)$$

$$Y^- = \{\min y_{ij} \mid j = 1, 2, \ldots, n\} = \{y_1^-, y_2^-, \ldots, y_n^-\} \quad (8\text{-}15)$$

采用欧氏距离计算公式偏差距离。设 D_i^+ 为第 j 个指标与 y_j^+ 的距离,D_i^- 为第 j 个指标与 y_j^- 的距离,计算公式如下:

$$D_i^+ = \sqrt{\sum_{j=1}^{n} (y_j^+ - y_{ij})^2} \quad (8\text{-}16)$$

$$D_i^- = \sqrt{\sum_{j=1}^{n} (y_j^- - y_{ij})^2} \tag{8-17}$$

式中，y_{ij} 为第 j 个指标第 i 个方案加权后的规范化值，y_j^+、y_j^- 分别为第 j 个指标在 m 个方案取值中最偏好方案值和最不偏好方案值。

令 T_i 为第 i 个方案节水减排高产效果接近最优的程度，一般称为贴近度，其取值范围介于 [0,1]，T_i 越大，表明该方案节水减排高产效果越接近最优水平。根据每个方案的贴近度大小可以判断其节水减排高产效果的高低，确定优劣顺序，计算方法如下：

$$T_i = \frac{D_i^-}{D_i^+ + D_i^-} \tag{8-18}$$

利用上述介绍的基于综合赋权的 TOPSIS 法计算出 CK、LCID、HCID 三种方案 2015 年贴近度为 $T=(0.487,0.589,0.505)$，2016 年为 $T=(0.485,0.738,0.507)$。2 年稻田灌排方案优劣排序均为：LCID＞HCID＞CK。评价结果表明虽然不同年型其产量和节水减污效果存在一定差异，但 LCID 控制灌排模式明显优于 HCID、CK，且 LCID 两年均为最理想灌排模式，CK 两年均为最不理想灌排模式。

8.6 水稻控制灌排技术调控指标及操作要点

8.6.1 水稻控制灌排技术调控指标

前面几章介绍了旱涝交替胁迫对水稻群体及生理、需水特性以及稻田水质、土壤微环境的影响。结果表明，旱涝交替胁迫发生在分蘖期会显著降低水稻的有效穗数，最终导致产量明显降低，发生在抽穗开花期和乳熟期分别会引起结实率和千粒重下降，但最终产量降低不明显；旱涝交替胁迫对水稻全生育期需水量的影响，除分蘖期旱涝交替胁迫会明显降低全生育期需水量外，其他没有明显影响；旱涝交替胁迫明显降低稻田水氮磷流失量，根层土壤保肥能力有所提升，具有显著的减排效应。

通过大田小区试验表明，控制灌排（LCID、HCID）均能显著降低稻田地表水排水量、氮磷流失量、灌溉用水量，而产量的下降均未达到显著水平，表明水稻控制灌溉技术具有明显的节水、减排和高产效应。

根据水稻种植区供水保证程度,基于节水减排高产目标提出水稻控制灌排技术调控指标见表8.9。

表8.9 水稻控制灌排技术指标参考表　　　　　　单位:mm

生育期	供水保证程度高			供水保证程度低		
	灌水下限	灌水上限	雨后允许蓄水深度	灌水下限	灌水上限	雨后允许蓄水深度
返青期	10	30	50	10	30	50
分蘖期	−200	30	100	−200	30	200
拔节孕穗期	−200	30	200	−400	30	300
抽穗开花期	−200	30	200	−400	30	300
乳熟期	−200	30	200	−300	30	300
黄熟期	不灌水,遇雨排除田面积水			不灌水,遇雨排除田面积水		

注:①无效分蘖期灌水下限可以到−500 mm;②供水保证程度低的地区,雨后蓄水深度根据具体情况可以适当提高。

8.6.2　水稻控制灌排技术操作要点

水稻控制灌排技术是将水稻控制灌溉与控制排水技术进行优化整合而形成的水稻高效灌排技术,具有明显的节水减排高产效应。它是根据水稻在不同生育阶段对水分需求的敏感情况和需水规律,在发挥水稻自身调节机能和适应能力的基础上,适时适量供水、适当调蓄雨水的水稻灌排新技术。在干旱灌溉季适当降低灌水适宜上下限,随时为调蓄雨水提供空间;在汛期多雨季适当提高田间蓄水深度和历时,减少排水量和延长排水时间,达到减少排污负荷和提高雨水利用率的目的。下面根据水稻大田期不同生育阶段介绍控制灌排技术操作要点。

(1)泡田期

在前茬作物收割后,应耕地晒垡,加固格田田埂,田埂高度不低于30 cm,然后放水泡田。待水湿透垡头时,用耙耙平,以水找平,保持田面水层深度不超过3 cm时水面不露土后再施基肥。

(2)移栽期

等泥浆沉淀后(一般整田后第2 d),再进行水稻移栽。如果泥浆没有沉淀就移栽,容易造成泥浆淤秧苗心叶,稻根往往泥里起节,出现低位分蘖闷死,高位分蘖推迟,影响最佳群体发展。水稻移栽最佳叶龄期为 5 叶,抛秧可适当提前一个叶龄期。无论是人工移栽、机插秧还是抛秧,大田都应保持浅水层,水层深度应小于 3 cm。

(3) 返青期

移栽后的水稻返青期一般为 5~8 d(抛秧时间短,人工和机插秧时间长),返青期内田面保持浅水层,以水层护苗促活棵。适宜水层深度的上下限分别为 1 cm 和 3 cm,即低于 1 cm 应及时灌水,灌水后田面水层深度不超过 3 cm。对于供水保证程度不高的地区,也可以适当降低灌水下限(田面无水层,根层土壤饱和),提高灌水上限(不超过 5 cm)。如遇降雨可拦蓄部分雨水,雨后允许蓄水深度为 5 cm。对于水资源紧缺的地区,可适当提高蓄水深度,但不能没顶淹没秧苗,淹水时间不超过 3~5 d(气温高取小值,气温低时取大值),一旦超过这一淹水历时,应及时排水至雨后允许蓄水深度(5 cm)。

(4) 分蘖期

水稻分蘖期是确定有效分蘖的关键时期,是形成水稻个体强壮、群体合理而获得高产的基础。该期灌排技术的重点是:有效分蘖期以"促"为主,促进前期有效分蘖增多,无效分蘖期以"控"为主,控制无效分蘖发生,提高成穗率,确保穗多粒大。一般认为,当水稻茎蘖数达到高产水稻所需的有效穗数时为有效分蘖期,之后则为无效分蘖期。

前面的研究表明,有效分蘖期过重的旱涝胁迫会显著降低有效穗数,导致水稻产量降低,所以有效分蘖期水肥管理尤为重要。水稻返青后应早施分蘖肥,并保持适当水层,分蘖肥最好用速效肥,如果施用尿素,则应早施,因为尿素施入田中要经过土壤中的脲酶作用,水解成碳酸铵或碳酸氢铵后,才能被水稻吸收利用,这个过程一般需要 4 d 以上时间。水稻有效分蘖期是分蘖的爆发期,水分管理以养根壮蘖为目标,由于该期水稻根系主要分布在 0~20 cm 的表层,浅水层干湿交替灌溉是该期的主要模式,适宜农田水位的上下限分别为 -20 cm 和 3 cm(供水保证程度低的地区也可以适当提高灌水上限,但不宜超过 10 cm)。农田水位在 -20 cm 时,0~20 cm 土层(根系密集层)含水量通常还在田间持水量以上,且该层土壤通气性得到明显改善,有利于增强根系活力,促进有效分蘖;较浅的水层有利于蘖芽进行光合作用,促进新生蘖的生长。如遇降雨可拦蓄部分雨水,雨后允许蓄水深度为 10 cm。对于水资源紧缺的地区,可适当提高蓄水深度,但不能淹没主茎心叶,且淹水时间不超过3~5 d(气温高取小值,气温低时取大值),一旦超过这一淹水历时,应及时排水至雨后允许蓄水深度(10 cm)。

在水肥供应充足的情况下,当茎蘖数达到高产所需的有效穗数时,要排水晒田。晒田对土壤养分有先抑制、后促进的作用,对控制水稻群体、促进水稻营养生长向生殖生长转化,培育大穗多粒有较好的作用。晒田时农田水位可以控制到-50 cm以下,若遇降雨应及时排水,田面不留水层。一般晒到田面开小裂,脚踏不下陷,叶色褪淡,叶片直立为止。这样可控制无效分蘖的产生,增强水稻抗倒伏和抗病虫害的能力。若晒到田面开大裂,就会伤害水稻根系,影响后期生长,甚至导致减产。

(5) 拔节孕穗期

拔节孕穗期是水稻营养生长与生殖生长并进期,一方面根、茎、叶继续生长,同时也进行以幼穗分化和形成为中心的生殖生长,是决定穗大、粒多的关键时期。此期还是水稻一生中干物质积累最多的时期,需肥需水强度最大,对外界环境条件也很敏感。由于拔节孕穗期根系向纵深发展,干湿交替的间歇灌溉可促进根系下扎,该期灌水的适宜农田水位上下限分别为-20 cm和3 cm,在供水保证程度低一些的地区可适当降低适宜水位下限(但不宜低于-40 cm)和提高适宜水位上限(但不宜超过允许蓄水深度)。如遇降雨可拦蓄部分雨水,雨后允许蓄水深度为20 cm。对于水资源紧缺的地区,可适当提高蓄水深度至30 cm以上,但应降低农沟水位至日常水位,以增加田间渗漏量,若遇到高温、高湿天气淹水时间不超过5 d,一旦超过这一淹水历时,应及时排水至雨后允许蓄水深度(20 cm)。

拔节孕穗期应根据水稻长势巧施穗肥。穗肥的作用,既要有利于巩固穗数,又要防止无效分蘖的发生和生长;既要有利于攻取大穗,又要防止叶面积过度生长,要有利于形成配置良好的冠层结构;既要扩"库",形成较多的总颖花数,又要强"源(根、茎、叶)"畅"流(光合产物传输)",有较高的粒/叶比、结实率和千粒重。巧施穗肥主要是做到"三看":一看田的肥瘦,土地肥沃、底肥足、蘖肥重的可以不施;二看稻株长相,如果该期叶色褪淡落黄,叶片挺直,应及时施肥;三看天气,阴雨天多可不施,晴天多则要施。

(6) 抽穗开花期

抽穗开花期是水稻的生殖生长期,是水稻一生中对水肥要求最高的生育期。根据凌启鸿等研究成果,到抽穗开花期水稻上层根(指水稻发根节最上三个节位发生的根系)的数量已经超过下层根(上层根发根节以下的节位发生的根系)数量,上层根的生理年龄较轻,处于分支根发生期,生理功能旺盛;下层根生理年龄较老,分支基本停止,生理功能衰退。该期水分管理的重点是增强根系活力,防止根系早衰。灌水的适宜农田水位上下限分别为 -20 cm 和 3 cm,在供水保证程度低一些地区可以适当降低适宜水位下限(但不宜低于-40 cm)和提高适宜水位上限(但不宜超过允许蓄水深度)。如遇降雨可拦蓄部分雨水,雨后允许蓄水深度为 20 cm。对于水资源紧缺的地区,可适当提高蓄水深度至 30 cm 以上,但应降低农沟水位至日常水位,以增加田间渗漏量,若遇到高温、高湿天气淹水时间不超过 5 d,一旦超过这一淹水历时,应及时排水至雨后允许蓄水深度(20 cm)。

在前期基肥、分蘖肥和穗肥都保证施用的情况下,该期就不需要施肥了。

(7) 乳熟期

抽穗开花期之后,茎叶生长结束,同化物主要用于充实籽粒。乳熟期的水分管理主要是为了延长根、茎、叶的功能,提高群体净同化率,使生产和贮藏的有机养料顺利转运到籽粒中去,提高结实率和千粒重。灌水的适宜农田水位上下限分别为-20 cm 和 3 cm,在供水保证程度低一些地区可以适当降低适宜水位下限(但不宜低于-30 cm)和提高适宜水位上限(但不宜超过允许蓄水深度)。如遇降雨可拦蓄部分雨水,雨后允许蓄水深度为 20 cm。对于水资源紧缺的地区,可适当提高蓄水深度至 30 cm 以上,但应降低农沟水位至日常水位,以增加田间渗漏量,若遇到高温、高湿天气淹水时间不超过 5 d,一旦超过这一淹水历时,应及时排水至雨后允许蓄水深度(20 cm)。

(8) 黄熟期

水稻抽穗后 1 个月之后穗梢色黄下沉,进入黄熟期。此时水稻的耗水量急剧下降,为了保证籽粒饱满,要采用干湿交替、灌后田面无水层的灌溉方式,并减少灌溉次数,若遇降雨应及时排除田面积水。收割前 10 d 左右稻田应排水落干,并降低农沟水位至日常水深,降低农田地下水位,便于机械收割。

(9) 直播稻的控制灌排技术

水稻直播就是在水稻栽培过程中省去育秧和移栽两个环节,直接将种子撒播于大田的水稻栽培模式。随着农村劳动力的转移和耕地集约化程度的提高,水稻直播面积在我国南方稻区增长迅速。"直播稻"本是一种原始的水稻栽培方式,与移栽稻相比,具有无缓苗期、分蘖早、低位分蘖多、有效穗多、成熟期早、省工、省力等优点。

水稻直播分为旱直播和水直播。旱直播是在前茬作物收割后,经旋耕施入基肥,将已浸种催芽(或干谷)的稻种拌种衣剂后直接播入大田,覆盖稻种,喷除草剂,利用自然降雨或喷洒灌溉达到田间湿润使稻种发芽,出苗后按水稻常规管理的一项栽培技术。水直播一般采用旋耕灭茬,再施肥、耙田整平,然后放水落干沉实1夜,第二天留瓜皮水播种。由于水直播要求水源条件良好、前后茬衔接时间较宽裕,且费工费时,实际应用不够普遍。

旱直播稻田,要等到种子发芽生根立土后才能灌水,否则种子会随水流漂移,影响出苗均匀度,发芽期间若遇强降雨,田面不能有积水,应随降随排。发芽生根后,以干湿交替的间歇灌溉为主,遇降雨可拦蓄部分雨水,但以不没顶淹没为限。到分蘖期后其水肥管理与移栽稻相同。

本章参考文献

[1] 肖梦华,俞双恩,章云龙.控制排水条件下淹水稻田田面及地下水氮浓度变化[J].农业工程学报,2011,27(10):180-186.

[2] 郭相平,张展羽,殷国玺.稻田控制排水对减少氮磷损失的影响[J].上海交通大学学报:农业科学版,2006,24(3):307-310.

[3] Singh H P, Singh B B, Ram P C. Submergence tolerance of rainfed lowland rice: search for physiologicalmarker traits[J]. Journal of Plant Physiology,2001,158(7):883-889.

[4] 孙震.不同施氮水平和灌溉方式对稻田氮素渗漏淋溶和 N_2O 排放的影响[D].南京:南京农业大学,2014.

[5] 庞桂斌,徐征和,杨士红,等.控制灌溉水稻叶片水分利用效率影响因素分析[J].农业机械学报,2017,48(4):233-241.

[6] 肖新,朱伟,肖靓,等.不同水肥管理对水稻分蘖期根系特征和氮磷

钾养分累积的影响[J]. 土壤通报，2016，47(4)：903-908.

[7] 陈亮. 干旱胁迫对水稻叶片光合作用和产量及稻米品质的影响研究[D]. 武汉：华中农业大学，2015.

[8] 刘敏昊，任瑞英，朱振荣，等. 水稻蓄雨控灌技术的环境效应[J]. 中国农村水利水电，2016(5)：55-57.

[9] Lu B, Shao G, Yu S, et al. The effects of controlled drainage on N concentration and loss in paddy field[J]. Journal of Chemistry, 2016(2)：1-9.

[10] 和玉璞，张建云，徐俊增，等. 灌溉排水耦合调控稻田水分转化关系[J]. 农业工程学报，2016，32(11)：144-149.

[11] 乔欣，邵东国，刘欢欢，等. 节灌控排条件下氮磷迁移转化规律研究[J]. 水利学报，2011，42(7)：862-868.

[12] 朱成立，郭相平，刘敏昊，等. 水稻沟田协同控制灌排模式的节水减污效应[J]. 农业工程学报，2016，32(3)：86-91.

[13] Shao G, Wang M, Yu S, et al. Potential of controlled irrigation and drainage for reducing nitrogen emission from rice paddies in southern China[J]. Journal of Chemistry, 2015(5)：1-9.

[14] 高世凯，俞双恩，王梅，等. 旱涝交替下控制灌溉对稻田节水及氮磷减排的影响[J]. 农业工程学报，2017，33(5)：122-128.

[15] 俞双恩，缪子梅，邢文刚，等. 以农田水位作为水稻灌排指标的研究进展[J]. 灌溉排水学报，2010，29(2)：134-136.

[16] 郭相平，袁静，郭枫，等. 水稻蓄水-控灌技术初探[J]. 农业工程学报，2009，25(4)：70-73.

[17] 杨增玲，楚天舒，韩鲁佳，等. 灰色关联理想解法在秸秆综合利用方案优选中的应用[J]. 农业工程学报，2013，29(10)：179-191.

[18] 王书吉，费良军，雷雁斌. 综合集成赋权法在灌区节水改造效益评价中的应用[J]. 农业工程学报，2008，24(12)：48-51.

[19] 马纪，刘希喆. 基于序关系-熵权法的低压配电网台区健康状态评估[J]. 电力系统保护与控制，2017，45(6)：87-93.

[20] 雷勋平，邱广华. 基于熵权TOPSIS模型的区域资源环境承载力评价实证研究[J]. 环境科学学报，2016，36(1)：314-323.

[21] 陈志刚，陈蕾，陈瀚翔，等. 水稻根际土壤反硝化酶活性对水分调控的响应[J]. 环境科学与技术，2014，37(5)：21-25.

[22] Haggard B E, Moore P A, Delaune P B. Phosphorus flux from bottom sediments in Lake Eucha, Oklahoma[J]. Journal of Environmental Quality, 2005, 34(2): 724-728.

[23] 黄荣, 俞双恩, 肖梦华, 等. 分蘖期稻田不同水层深度下暴雨后地表水 TP 的变化[J]. 节水灌溉, 2011(11): 41-44.

[24] Xiang S R, Allen D, Patriciaa H, et al. Drying and rewetting effects on C and N mineralization and microbial activity in surface and sub-surface California grassland soils[J]. Soil Biology & Biochemistry, 2008, 40(9): 2281-2289.

[25] 丛日环, 张丽, 鲁艳红, 等. 长期秸秆还田下土壤铵态氮的吸附解吸特征[J]. 植物营养与肥料学报, 2017, 23(2): 380-388.

[26] Cabangon R J, Castillo E G, Tuong T P. Chlorophyll meter based nitrogen management of rice grown under alternate wetting and drying irrigation[J]. Field Crops Research, 2011, 121(1): 136-146.

[27] Nguyen B T, Marschner P. Effect of drying and rewetting on phosphorus transformations in red brown soils with different soil organic matter content[J]. Soil Biology & Biochemistry, 2005, 37(8): 1573-1576.

[28] Xiao M, Miao Z, Li Y. Changes of rootzone soil environment in flooded paddy field under controlled drainage conditions[J]. Polish Journal of Environmental Studies, 2017, 26(2): 881-892.

[29] 卞金龙, 蒋玉兰, 刘艳阳, 等. 干湿交替灌溉对抗旱性不同水稻品种产量的影响及其生理原因分析[J]. 中国水稻科学, 2017, 31(4): 379-390.

[30] Shao G, Deng S, Liu N, et al. Effects of controlled irrigation and drainage on growth, grain yield and water use in paddy rice[J]. European Journal of Agronomy, 2014(53): 1-9.

[31] 凌启鸿, 张洪程, 苏祖芳, 等. 稻作新理论——水稻叶龄模式[M]. 北京:科学出版社, 1994.